EUL VERLAG

MARKETING

Herausgegeben von Prof. Dr. Heribert Gierl, Augsburg, Prof. Dr. Roland Helm, Regensburg, Prof. Dr. Frank Huber, Mainz, und Prof. Dr. Henrik Sattler, Hamburg

Band 10
Heribert Gierl
Übungsaufgaben Marketing
5., vollständig neubearbeitete Auflage
Lohmar – Köln 2010 • 472 S. • € 29,- (D) • ISBN 978-3-89936-927-4

Band 48
Frank Huber, Frederik Meyer, Sabine Wilhelmi und Marc Schäfer
Phänomen Markenarchitektur – Eine empirische Studie zur Stärkung von Produktmarken im Konsumgüterbereich
Lohmar – Köln 2009 • 152 S. • € 47,- (D) • ISBN 978-3-89936-875-8

Band 49
Frank Huber, Katharina Riewe, Isabel Matthes und Johannes Vogel
Markenexpansionen erfolgreich gestalten – Ein empirischer Vergleich von Markenlizenzierung und Co-Branding am Beispiel einer Modemarke
Lohmar – Köln 2010 • 164 S. • € 47,- (D) • ISBN 978-3-89936-893-2

Band 50
Dhwani Lalwani, Frank Huber, Frederik Meyer und Stefan Vollmann
Mobile Marketing durch Markenallianzen stärken – Eine empirische Studie zur Identifikation von Erfolgsdeterminanten
Lohmar – Köln 2010 • 172 S. • € 48,- (D) • ISBN 978-3-89936-896-3

Band 51
Jan Kirenz
Linking Consumer Mindset Metrics to Consumer Behavior and Capital Market Valuation
Lohmar – Köln 2010 • 152 S. • € 47,- (D) • ISBN 978-3-89936-928-1

Band 52
Jasna Cudic
Produkthaltbarkeit im strategischen Marketing – Eine empirische Analyse
Lohmar – Köln 2011 • 228 S. • € 55,- (D) • ISBN 978-3-8441-0025-9

JOSEF EUL VERLAG

Produkthaltbarkeit im strategischen Marketing: Eine empirische Analyse

Inauguraldissertation zur Erlangung des
akademischen Grades eines
Doktors der Wirtschaftswissenschaften
des Fachbereichs Wirtschaftswissenschaften
der Universität Osnabrück

vorgelegt von
Jasna Cudic

Dekan: Prof. Dr. Bernd Meyer

Referent: Prof. Dr. Dirk Standop

Korreferent: Prof. Dr. Bernhard Baumgartner

Tag der mündlichen Prüfung: 3.12.2010

Reihe: Marketing · Band 52

Herausgegeben von Prof. Dr. Heribert Gierl, Augsburg, Prof. Dr. Roland Helm, Regensburg, Prof. Dr. Frank Huber, Mainz, und Prof. Dr. Henrik Sattler, Hamburg

Dr. Jasna Cudic

Produkthaltbarkeit im strategischen Marketing

Eine empirische Analyse

Mit einem Geleitwort von Prof. Dr. Dirk Standop, Universität Osnabrück

EUL VERLAG

Bibliografische Information der Deutschen Nationalbibliothek

Die Deutsche Nationalbibliothek verzeichnet diese Publikation in der Deutschen Nationalbibliografie; detaillierte bibliografische Daten sind im Internet über <http://dnb.d-nb.de> abrufbar.

Dissertation, Universität Osnabrück, 2010

ISBN 978-3-8441-0025-9
1. Auflage April 2011

JOSEF EUL VERLAG GmbH
Brandsberg 6
53797 Lohmar
Tel.: 0 22 05 / 90 10 6-6
Fax: 0 22 05 / 90 10 6-88
E-Mail: info@eul-verlag.de
http://www.eul-verlag.de

Bei der Herstellung unserer Bücher möchten wir die Umwelt schonen. Dieses Buch ist daher auf säurefreiem, 100% chlorfrei gebleichtem, alterungsbeständigem Papier nach DIN 6738 gedruckt.

Geleitwort

Ausgangspunkt der Arbeit ist eine Beobachtung, die viele Konsumenten mit Blick auf Güter des alltäglichen Gebrauchs machen: Nicht selten, sondern vielmehr regelmäßig weisen die Gebrauchsgüter eine enorme Spannweite in der zu erwartenden Lebensdauer auf. Ganz offensichtlich existiert für Produkte einer gegebenen Gattung – man denke etwa an elektronische Haushaltsgeräte, Rasenmäher oder Fahrräder – eine beträchtliche Spannweite in der erhofften Nutzungsdauer oder – in der Sprache der Verfasserin – eine beträchtliche Varianz in der Haltbarkeit. Diese Haltbarkeit ist auch durch das Verwendungsverhalten seitens der Produktnutzer bestimmt, vor allem aber dadurch, wie viel Haltbarkeitseigenschaften die Anbieter in das Produkt einbauen. Um diese eingebaute Haltbarkeit oder eingebaute Produktnutzungsdauer geht es der Verfasserin in ihrer Dissertation.

Die beträchtliche Varianz in der empirischen Erscheinung dieser Unternehmensvariable wirft die Frage nach den Gründen hierfür auf. Welches sind die Determinanten für die Festlegung der Haltbarkeit seitens der Anbieter?

Die Verfasserin nennt jene Produzenten, deren Produkte eine überdurchschnittliche Haltbarkeit aufweisen, offensiv ausgerichtete Anbieter; im Fall unterdurchschnittlicher Haltbarkeit spricht sie von defensiven Anbietern. Warum gibt es zum einen offensiv und zum anderen defensiv ausgerichtete Anbieter?

Im ersten Hauptteil geht es um eine theoretische und eine empirische Bestandsaufnahme: Welche Determinanten lassen sich bei der Anbieterentscheidung zur eingebauten Produkthaltbarkeit unterscheiden? Dieser Teil ist im Wesentlichen ein empirischer Befund, angeleitet vom Überblick der einschlägigen theoretischen Literatur. Das Ergebnis ist ein System von Determinanten.

Das im ersten Hauptteil entwickelte System der Determinanten enthält mit den Merkmalen der Nachfrage nach Haltbarkeit eine Determinante, deren offenbar zentrale Bedeutung im besonderen Maß eine eigenständige Weiterführung in Form einer Detailanalyse nahelegt. Diese Weiterführung wird im zweiten Hauptteil vorgenommen. Dieser Hauptteil umfasst den größeren Teil der Arbeit und ist nach der üblichen Art theoriegeleiteter empirischer Untersuchungen aufgebaut: Der Ableitung des Hypothesengebäudes folgt die Erläuterung der gewählten Untersuchungsanalyse, und die Diskussion der Ergebnisse schließt sich an.

Die theoretische Diskussion hat ihren gedanklichen Mittelpunkt in der rigorosen Analyse von Peter Swan, der bekanntlich mit „no durability per se" alle nichtökonomischen Begründungen eines Strebens nach Haltbarkeit ausschließen möchte. Die Arbeit der Verfasserin zeigt nicht zuletzt die Problematik eines solchen Ausschlusses. Ganz offenbar geht eine inhaltliche Vermessung des Strebens nach Haltbarkeit per se über die rein ökonomischen Überlegungen hinaus, die den Gegenstand dieser Dissertation bilden.

Die Verfasserin liefert in ihrer Analyse zahlreiche Einsichten, die sich für Spezialisten der Theorie aber auch und vor allem für den Praktiker der Produktplanung als sehr nützlich erweisen werden.

Osnabrück, im März 2011 Prof. em. Dr. Dirk Standop

Vorwort

Diese Dissertation ist von der Universität Osnabrück, Fachbereich Wirtschaftswissenschaften im Dezember 2010 angenommen worden.

Eine Vielzahl von Personen hat zum Gelingen dieser Arbeit beigetragen. Besonderer Dank gebührt an dieser Stelle zunächst meinem Doktorvater, Herrn Prof. Dr. Dirk Standop, der durch zahlreiche konstruktive fachliche Ratschläge und seine stete Diskussionsbereitschaft sowie durch seine motivierende Kraft das Entstehen der Arbeit maßgeblich förderte. Ich danke ihm auch sehr für sein Vertrauen und die finanzielle Unterstützung meines Forschungsprojektes durch das Fachgebiet Absatz/Marketing des Fachbereichs Wirtschaftswissenschaften der Universität Osnabrück. Bei Herrn Prof. Dr. Bernhard Baumgartner möchte ich mich ebenfalls für sein Vertrauen und für die Übernahme des Korreferats bedanken.

Mein besonderer Dank gilt weiterhin allen meinen Kollegen, insbesondere Herrn Dipl.-Kfm. Kai-Stefan Beinke für sein Interesse an speziellen Fragen der Arbeit und seine diesbezügliche Diskussionsbereitschaft. Allen Teilnehmern der Doktorandenseminare in der Zeit von 2006 bis 2010 danke ich für ihre Diskussionsbereitschaft und ihre konstruktiven Hinweise.

Schließlich möchte ich mich ganz herzlich bei meinen Eltern Jusuf und Safida Ćudić für ihre vielfältige Unterstützung bedanken. Bei Sonja Gevers und meinen Geschwistern Emina und Nedžad bedanke ich mich ganz herzlich für das Korrekturlesen meiner Arbeit.

Osnabrück, im März 2011 Jasna Cudic

Inhaltsverzeichnis

Abbildungsverzeichnis

Tabellenverzeichnis

Abkürzungs- und Symbolverzeichnis

ADFC	–	Allgemeiner Deutscher Fahrrad-Club
b	–	Ausfallwahrscheinlichkeit, eingebaute Produkthaltbarkeit
b_g	–	geringe eingebaute Haltbarkeit
b_h	–	hohe eingebaute Haltbarkeit
β_m	–	Parameter der logistischen Regression
c_0	–	gegenwärtiger Konsum
c_1	–	zukünftiger Konsum
C_A	–	Nutzungs-/Folgekosten für Gut A
C_B	–	Nutzungs-/Folgekosten für Gut B
$\chi 2$	–	Chi-Quadrat-Teststatistik
d	–	Nachfragekurve
df	–	Freiheitsgrade
D	–	Defensivanbieter
$\delta(b)$	–	Reparatur-/Wartungskosten
e^{-bt}	–	Wahrscheinlichkeit, dass ein Produkt in Zeitpunkt t intakt ist
ε_w	–	Störterm
f_0, f_1	–	Funktionen
F_t	–	Rückfluss einer Investition in Periode t
F&E	–	Forschung und Entwicklung
φ	–	relative Größe einer Gruppe
G	–	Kapitalwert der Zahlungsüberschüsse
GP	–	Gegenwartswert eines Projektes
γ	–	Diskontrate der Konsumenten
γ_0	–	Diskontrate, bei der Konsumenten indifferent zwischen zwei Alternativen sind
h, j	–	Budgetverläufe
HB	–	Haltbarkeitsbudget
HN_i	–	Haltbarkeitsniveau bei einer bestimmten Kombination i von eingebauter Haltbarkeit und Verwendungssorgfalt
i	–	Index der Kombinationen von eingebauter Haltbarkeit und Verwendungssorgfalt, i = 1, …, I.
k(b)	–	Stückkosten eines Gutes mit der eingebauten Haltbarkeit b

k_g	–	Kosten für geringe eingebaute Haltbarkeit
k_h	–	Kosten für hohe eingebaute Haltbarkeit
k(VS)	–	Kosten der Verwendungssorgfalt
K(b)	–	Gesamtkosten der Herstellung eines Gutes mit einer bestimmten eingebauten Haltbarkeit
L	–	Lagrange-Funktion
LL	–	Log-Likelihood-Funktion
LR	–	Likelihood-Ratio-Test
LL_0	–	Log-Likelihood-Werte des Nullmodells
LL_{voll}	–	Log-Likelihood-Werte des vollständigen Modells
λ	–	Lagrange-Multiplikator
m	–	Index der unabhängigen Variablen (m = 1, …, M)
mean_RW	–	Mittelwert der Risikowahrnehmung
mean_VS	–	Mittelwert der Verwendungssorgfalt
MR	–	Grenzerlöskurve
n	–	Stichprobengröße
O	–	Offensivanbieter
OS	–	beobachteter Messwert
ω	–	Diskontierungsfunktion
p	–	Preis der Leistungsabgabe pro Zeiteinheit durch ein neuwertiges Produkt
p_b	–	Preis einer bestimmten eingebauten Haltbarkeit
p_{VS}	–	Preis einer bestimmten Verwendungssorgfalt
prob	–	Wahrscheinlichkeit
P	–	Kaufpreis des Produktes
P_A	–	Preis für Gut A
P_B	–	Preis für Gut B
P_{neu}	–	Kaufpreis eines neuen Gutes
P_v	–	voller Preis
$P_{Wiederverkauf}$	–	Wiederverkaufspreis eines gebrauchten Gutes
P-A-F costs	–	prevention-, appraisal-, failure costs
PCC	–	Proportional chance criterion
prob	–	Wahrscheinlichkeit
π, τ	–	Entscheidungsalternativen

Q	–	Summe der zu einem Zeitpunkt im Markt verfügbaren Leistungsabgaben
r	–	Kalkulationszinsfuß, Diskontierungsrate
R^2	–	Bestimmtheitsmaß
RE	–	Zufallsfehler
RW	–	Risikowahrnehmung
s_m	–	Ausprägung der unabhängigen Variablen
S	–	Anstrengungen, welche die Wertschätzung zukünftiger Vorteile beeinflussen
SE	–	systematischer Fehler
Sig.	–	Signifikanz
S-O-R	–	Stimulus-Organismus-Reaktion
SS_i	–	Schadensschwere bei einer bestimmten Kombination i von eingebauter Haltbarkeit und Verwendungssorgfalt
SW_i	–	Schadenswahrscheinlichkeit bei einer bestimmten Kombination i von eingebauter Haltbarkeit und Verwendungssorgfalt
t	–	Zeitfaktor, $t = 1, 2, \ldots, t', \ldots, \ell, \ldots T$
t-stat	–	Wert der t-Statistik
Tol_m	–	Toleranzkoeffizient der m-ten unabhängigen Variablen
TS	–	„wahrer" Wert
u	–	Nutzenfunktion
U	–	diskontierter Nutzen
v_w	–	Ausprägung des Beobachtungswertes
verzog.	–	verzogen
VI	–	Verwendungsintensität
VS	–	Verwendungssorgfalt
w	–	Index des Beobachtungswertes ($w = 1, \ldots, W$)
Wichtig_L	–	Wichtigkeit des Produktmerkmals Haltbarkeit
x(t)	–	Produktionsmenge in Zeitpunkt t
υ	–	Zahl der Stichproben für den Kruskal-Wallis-Test
z_w	–	latente, nicht beobachtbare Variable
Z	–	aggregierte Einflussstärke
Zeitpräf	–	Zeitpräferenz
ZIV	–	Zweirad-Industrie-Verband

ZVEI	–	Zentralverband Elektrotechnik- und Elektronikindustrie

1 Einleitung

Die große Zahl von wissenschaftlichen Arbeiten sowie redaktionellen Beiträgen in den Medien, die sich mit dem Thema Produkthaltbarkeit bzw. Produktnutzungsdauer befassen, ist ein Beleg für das enorme Interesse in Bezug auf dieses Produktmerkmal. Das wissenschaftliche Interesse beschränkt sich dabei nicht auf eine Disziplin, sondern spiegelt sich in zahlreichen Analysen innerhalb der Wirtschaftswissenschaften sowie in konkreten ingenieurwissenschaftlichen Analysen wie etwa zum „Langzeitauto“[1] oder zum „LongLifeBike“[2] wider. Die Produkthaltbarkeit ist auch aufgrund der stets aktuellen Diskussion über die Umweltverträglichkeit von Konsumgütern von Relevanz.[3] So bedeuten längere Nutzungsdauern in der Regel den intensiveren Einsatz knapper Ressourcen und einen geringeren Entsorgungsaufwand.[4] Das mediale bzw. öffentliche Interesse an dem Produktmerkmal Haltbarkeit äußert sich gleichsam regelmäßig in Form von vielfältigen Berichten zur Lebensdauer verschiedener Produkte, wie z.B. Autos, Akkus oder Waschmaschinen. So ist vor Kurzem berichtet worden, dass die Haltbarkeit von Autos sich auf einem sehr hohen Niveau befindet, die Haltbarkeit von Fahrzeugteilen jedoch weiter erhöht werden kann.[5]

Die Diskussion zur Produkthaltbarkeit innerhalb der Wirtschaftswissenschaften umfasst verschiedene Untersuchungsansätze und macht daher eine genauere Differenzierung erforderlich. Zum einen erfolgt eine wettbewerbspolitische Auseinandersetzung um die „geplante Obsoleszenz“.[6] Zum anderen stellt die sog. Durability-Theorie einen Forschungszweig dar, der sich mit der Frage beschäftigt, ob die Produktnutzungsdauer von den Marktverhältnissen abhängig ist.[7]

Innerhalb der Marketingstrategie, welche die langfristige Erreichung und Sicherung von Wettbewerbsvorteilen gegenüber der Konkurrenz zum Ziel hat, spielt die Produkthaltbarkeit als eine der wesentlichen Entscheidungsvariablen im Rahmen der Produktpolitik eine große Rolle. Für die zwei grundsätzlich möglichen Formen der Marketingstrategie, der Qualitäts-

---

[1] Vgl. Braess/Hamm (1978).
[2] Vgl. o. V.: ADFC Hintergrundinfo – LongLifeBike, 2004.
[3] Vgl. Deutsch (1994), S. 9ff. und S. 162ff.
[4] Vgl. dazu Bänsch (1994). Bänsch liefert einen Überblick über die ökonomischen und ökologischen Auswirkungen einer Änderung der Produktnutzungsdauer.
[5] Vgl. o. V.: Studie des Kraftfahrtbundesamtes (2008).
[6] Vgl. z.B. Cooper (2004); Röper (1976).
[7] Für einen Überblick über die Durability-Theorie sei auf Waldman (2003), S. 131ff. verwiesen.

führerschaft einerseits und der Strategie einer Kostenführerschaft andererseits, ist die Produktpolitik insbesondere bei der Implementierung der erstgenannten Strategie von zentraler Bedeutung.[8]

Als Mittel der Produktgestaltung lässt sich die Produkthaltbarkeit in das von Gutenberg dargestellte Konzept des absatzpolitischen Instrumentariums einordnen. Nach Gutenberg wirken produktgestalterische Maßnahmen in besonderer Weise auf die Unternehmensentwicklung ein, da ihre Bedeutung vor der Preispolitik, der Absatzorganisation und der Werbung liegt. Nichtsdestotrotz weist er darauf hin, dass die Produktgestaltung nur im Zusammenhang und in Abstimmung mit den anderen absatzpolitischen Instrumenten zu ihrer vollen Wirkung kommen kann, und, dass das Wachstum der Unternehmen stets nur das Ergebnis der Unternehmenspolitik auf weite Sicht sein kann.[9] Hier wird deutlich, dass die Produkthaltbarkeit nicht allein als Parameter ökonomischer Entscheidungen begriffen werden darf, sondern vielmehr eine instrumentelle Variable in unternehmerischen Kalkülen darstellt.[10]

In der Literatur wird oftmals zwischen technischer, ökonomischer und subjektiver Produkthaltbarkeit unterschieden. Die technische oder eingebaute Haltbarkeit eines Produktes wird durch die Konstruktion sowie die technische Qualität der Teile und Komponenten festgelegt.[11] Neben der technischen Haltbarkeit werden zwei weitere Haltbarkeitsarten unterschieden. Die ökonomische Haltbarkeit wird von der Überlegung bestimmt, wie lange die Nutzung eines Produkts ökonomisch sinnvoll ist. Cooper weist auf eine dritte, subjektive Art der Haltbarkeit hin: die Lebensdauer eines Produktes wird durch veränderte Präferenzen oder Modetrends beeinflusst.[12] Die technische Haltbarkeit ist als Qualitätseigenschaft eines Produktes aufzufassen, die sich in der einem Gegenstand innewohnenden zeitlich oder mengenmäßig begrenzten Eignung zur Erfüllung übertragener Aufgaben äußert und vom Hersteller festgelegt wird, d.h. die technische Haltbarkeit gibt den Zeitraum an, in dem z.B. eine Rasierklinge für Rasuren einer gewissen Güte nutzbar ist. Gelegentlich wird sie daher auch als Dauerqualität bezeichnet und ist grundsätzlich in Zeiteinheiten zu messen.[13] Mit der ökonomischen Produkthaltbarkeit wird die Zeitspanne angegeben, in der das betrachtete Produkt die ihm

[8] Vgl. Wind (1982). Für die Durchsetzung einer Kostenführerschaft ist die Produktpolitik von kaum geringerer Bedeutung. Vgl. dazu Benkenstein (1997), S. 212.
[9] Gutenberg (1979), S. 528.
[10] Vgl. z.B. Grüneberg (1973), S. 107-114.
[11] Vgl. Specht/Schmelzer (1992).
[12] Vgl. Cooper (2004), S. 422.
[13] Vgl. Heidrich (1981), S. 61f.

übertragene Aufgabe besser als alternative Produkte erfüllt. Die bessere Aufgabenbewältigung kann sich dabei z.B. auf Kostenaspekte beziehen. Die ökonomische Haltbarkeit eines Produktes ist solange gegeben, so lange es eine Aufgabe z.B. kostengünstiger, schneller oder qualitativ besser erfüllt. Alle drei angeführten Haltbarkeitsarten können unter der Bezeichnung eingebaute Produkthaltbarkeit zusammengefasst werden, da sie sich aus bestimmten Produkteigenschaften wie z.B. aus der Konstruktionsqualität, einem hohen technischen Standard oder aufgrund eines zeitlosen Designs ergeben, die allesamt durch den Hersteller beeinflusst werden können.

Demgegenüber steht die konsumentengeschaffene Haltbarkeit, die sich aus der Verwendungssorgfalt der Konsumenten ergibt. Unter Verwendungssorgfalt sollen Verhaltensweisen verstanden werden, die der Verlängerung der Nutzungsdauer dienen, wie z.B. Orientierung am Gebrauchszweck, Verwendungsintensität sowie Pflege- und Wartungsverhalten. Die Kombination aus eingebauter Haltbarkeit und konsumentengeschaffener Haltbarkeit führt zu einer Gesamthaltbarkeit des Produktes, die den Zeitraum von der ersten Inbetriebnahme bis zur endgültigen Außerbetriebsetzung umfasst.

Die folgende Abbildung verdeutlicht diese Zusammenhänge.

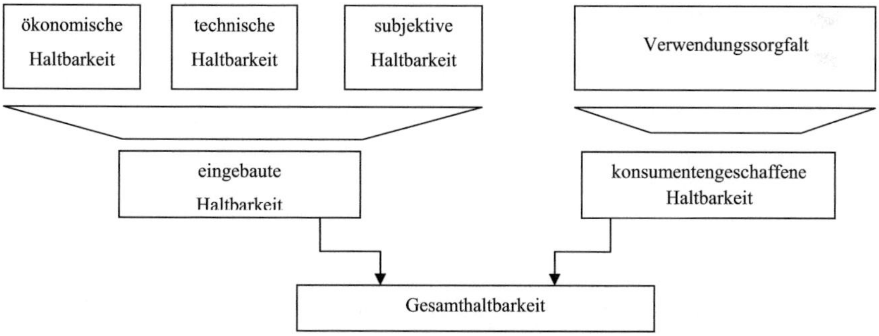

Abbildung 1: Arten der Produkthaltbarkeit

Warentestinstitute wie die Stiftung Warentest veröffentlichen regelmäßig Produkttests, in denen neben anderen Qualitätsmerkmalen die Haltbarkeit bzw. Lebensdauer eines Produktes bewertet wird. Die Haltbarkeitsbeurteilung der Stiftung Warentest erfolgt analog zu der gesamten Produktbewertung durch die Vergabe von so genannten test-Qualitätsurteilen. Diese reichen von sehr gut über gut, befriedigend und ausreichend bis mangelhaft. Im Extremfall kann auch ein „vom Kauf abzuraten“ vergeben werden. Im Großteil dieser Tests offenbart sich eine enorme Spannbreite der Produktlebensdauer entlang der Schulnoten-Skala. Die folgenden Abbildungen geben beispielhaft die Ergebnisse der Haltbarkeitsprüfung für Trekkingräder und Waschmaschinen wieder.

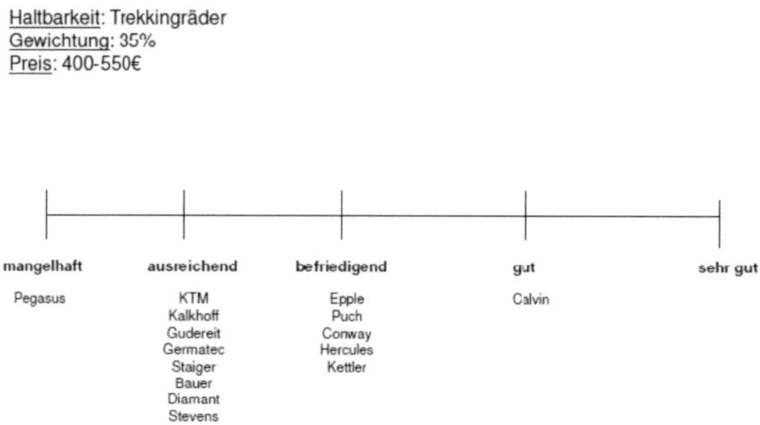

Abbildung 2: Ergebnisse der Haltbarkeitsprüfungen bei Trekkingrädern
Quelle: „test“, 5/2007, S. 78f.

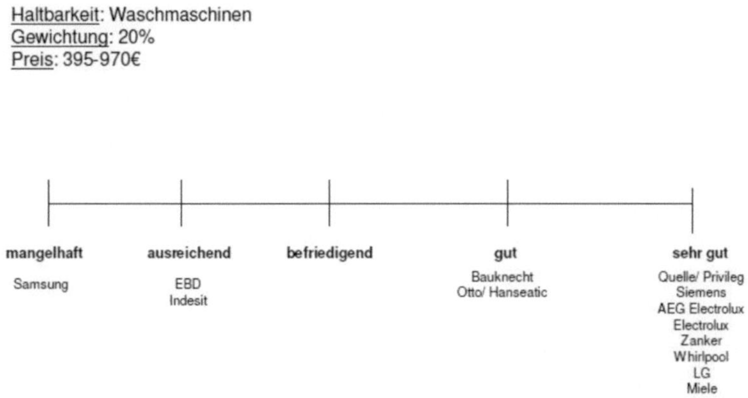

Abbildung 3: Ergebnisse der Haltbarkeitsprüfungen bei Waschmaschinen
Quelle: „test“, 9/2006, S. 78f.

Vor diesem Hintergrund stellt sich die Frage, wie es zu der oben beschriebenen Varianz kommt. Damit ergibt sich die folgende Leitfrage der vorliegenden Arbeit:

Warum werden Produkthaltbarkeitsmerkmale einmal auf eine hohe eingebaute Produkthaltbarkeit und zum anderen auf eine geringe eingebaute Produkthaltbarkeit ausgerichtet?

Im Folgenden sollen Anbieter, die eine überdurchschnittlich hohe Haltbarkeit in ihre Produkte einbauen als offensive Anbieter bzw. als offensiv ausgerichtet bezeichnet werden. Analog wird der Terminus defensive Anbieter bzw. defensiv ausgerichtet für Anbieter von Produkten mit einer (unter-)durchschnittlichen Haltbarkeit verwendet. Damit lässt sich die oben formulierte Leitfrage präzisieren:

Warum gibt es zum einen offensiv und zum anderen defensiv ausgerichtete Anbieter?

Oder anders formuliert:

Was sind die Determinanten der eingebauten Haltbarkeit?

Angesichts der zentralen Fragestellung der vorliegenden Arbeit ergibt sich der folgende Gang der Untersuchung. Zunächst erfolgt in Kapitel 2.1 eine eingehende Analyse der Varianz der eingebauten Haltbarkeit anhand von Daten der Stiftung Warentest. Im Anschluss daran werden in den Kapiteln 2.2 und 3 im Rahmen eines Literaturüberblicks Determinanten der eingebauten Haltbarkeit diskutiert. Für den Literaturüberblick werden zahlreiche Ansätze, die sich mit der Optimierung der Produkthaltbarkeit unter verschiedenen Gesichtspunkten befassen, herangezogen. Kapitel 2 und 3 bilden Teil I der vorliegenden Arbeit, in dem die Grundlagen der Untersuchung behandelt werden.

Im Anschluss daran erfolgt in Teil II eine detaillierte Analyse nachfragebezogener Determinanten der eingebauten Haltbarkeit. Während in Teil I eine Untersuchung von Determinanten im Sinne einer Globalanalyse vorgenommen wird, soll in Teil II eine Partialanalyse erfolgen. Diese Analyse umfasst die Ableitung von testbaren Hypothesen zu dem Einfluss der Determinanten auf die eingebaute Haltbarkeit (Kapitel 4). Im fünften Kapitel wird die Anlage der empirischen Untersuchung zur Überprüfung der im vierten Kapitel hergeleiteten Hypothesen entwickelt. Nach der Erörterung grundsätzlicher Aspekte der Datengewinnung in Kapitel 5.1 folgen in Kapitel 5.2 detaillierte Ausführungen zur Darstellung der abhängigen Variablen (Kapitel 5.2.1), zu Operationalisierungen der unabhängigen Variablen (Kapitel 5.2.2), zu Skalierungen (Kapitel 5.2.3) sowie zum Aufbau und Umfang des Fragebogens (Kapitel 5.2.4).

Die Ergebnisse der empirischen Untersuchung werden im sechsten Kapitel präsentiert und diskutiert.

Das siebte Kapitel besteht aus einer Zusammenfassung der zentralen Ergebnisse der Arbeit und einem Ausblick auf mögliche zukünftige Forschungsbereiche.

Teil I: Determinanten der eingebauten Produkthaltbarkeit

2 Grundlagen

2.1 Empirische Erfassung des Gegenstandes der Analyse

Für eine empirische Beurteilung der eingebauten Produkthaltbarkeit bieten sich die Daten der Stiftung Warentest an.[14] Die Stiftung Warentest ist eine Stiftung privaten Rechts, Stifterin ist die Bundesrepublik Deutschland. Eine der wesentlichen Aufgaben der Stiftung ist es, vergleichende Warentests vorzunehmen, die in der Zeitschrift „test" veröffentlicht werden. Zu prüfende Waren werden von anonymen Einkäufern im Handel eingekauft. In den meisten Fällen wird grundsätzlich nur ein Prüfexemplar jedes Modells getestet. Die Prüfung eines einzigen Exemplars wird hierbei als ausreichend angesehen, da ein Verbraucher nicht die Möglichkeit hat, zwei oder mehr Exemplare zu vergleichen, um sicherzugehen, dass alles einwandfrei funktioniert. Um zu verhindern, dass Ausreißer-Ergebnisse veröffentlicht werden bzw. Zufallsfehler die Grundlage der Bewertung bilden, werden in den Fällen, in denen Zweifel an den Untersuchungsergebnissen bestehen oder diese von den Herstellern angemeldet werden, Nachprüfungen an zwei weiteren Exemplaren durchgeführt. Diese Nachprüfungen bestätigen das Ergebnis oder dienen als Basis für eine 2:1-Entscheidung. Bei den Lebensdauerprüfungen werden von vornherein drei Exemplare jedes Modells untersucht, da Nachprüfungen aus zeitlichen Gründen (die Untersuchungen dauern sieben bis neun Monate) nicht möglich sind. Die Prüfungen führen unabhängige Spezialinstitute im In- und Ausland im Auftrag und unter der Aufsicht der Stiftung Warentest anhand eines Prüfprogramms durch. Dieses Prüfprogramm erstellt der für den Test verantwortliche Projektingenieur. Ein Fachbeirat aus Anbieter- und Verbrauchervertretern sowie unabhängigen Experten diskutiert den Entwurf als beratendes Gremium. Die Auswertung obliegt dem Projektleiter. Dabei erfolgt die Bewertung der geprüften Produkte durch die Vergabe von „test"-Qualitätsurteilen. Diese reichen von sehr gut über gut, befriedigend und ausreichend bis mangelhaft. Im Extremfall kann auch ein „vom Kauf abzuraten" vergeben werden. In den Bewertungen von Einzelaspekten werden die dafür gängigen Symbole: 1 = Sehr gut (0.5–1.5), 2 = Gut (1.6–2.5), 3 = Befriedigend (2.6–3.5), 4 = Ausreichend (3.6–4.5) und 5 = Mangelhaft (4.6–5.5) verwendet.

[14] Die nachfolgende Darstellung basiert auf einer Veröffentlichung der Stiftung Warentest. Vgl. Hanel (1997).

Die Prüfungen zur Haltbarkeit der Stiftung Warentest umfassen u.a. Dauerprüfungen und Lebensdauerprüfungen. Dauerprüfungen sind Untersuchungen, die oftmals wiederholt oder über einen längeren Zeitraum durchgeführt werden. Dabei werden zwei Kategorien unterschieden:

- Untersuchungen, die den Betrieb über einen bestimmten Zeitraum simulieren, z.B. bei Fahrrädern die Fahrt über 1000 oder mehr Kilometer oder bei Anrufbeantwortern die Aufzeichnung von 500 oder mehr Anrufen.
- Untersuchungen der Haltbarkeit einzelner Bauteile z.B. bei Fahrrädern die Prüfung von Sattelstütze, Lenkung, Rahmen etc. Hier haben die Dauerprüfungen auch eine nicht zu unterschätzende Bedeutung bei der Prüfung der Haltbarkeit von sicherheitsrelevanten Bauteilen.

Bewertet wird die Schwere der aufgetretenen Mängel beziehungsweise Schäden sowie der Zeitpunkt des Schadenseintritts. In den Lebensdauerprüfungen wird die Funktionstüchtigkeit von Produkten idealerweise bis zum Ende ihrer Lebensdauer untersucht. Solche „echten" Lebensdauerprüfungen müssten solange durchgeführt werden, bis die Produkte ihre Funktion nicht mehr erfüllen und auch durch eine Reparatur nicht mehr funktionstüchtig gemacht werden können. Eine solche Untersuchung ist schwer durchführbar, weil die Prüfdauer nicht vorhersehbar ist und in den meisten Fällen die zur Verfügung stehende Zeit überschritten würde. Die Stiftung Warentest orientiert sich deshalb bei der Durchführung von Lebensdaueruntersuchungen im Allgemeinen an der in der Praxis ermittelten durchschnittlichen Lebensdauer eines Produkts. So werden z.B. bei Waschmaschinen 12 Jahre Betriebsdauer angenommen. Die Untersuchungen können freilich nicht über 12 Jahre laufen, da die Ergebnisse nach diesem Zeitraum kaum noch Wert besitzen würden. Deshalb wird nicht die reale Nutzung – also ca. 3.5 Wäschen pro Woche – nachgestellt, sondern die Untersuchung zeitlich gerafft durchgeführt, so dass nur mehrere Monate Untersuchungszeitraum nötig sind. Durch die Zeitraffung werden allerdings Einflüsse, die in der Gerätestillstandzeit auftreten, z.B. Korrosion und Alterung von Materialien, nicht erfasst. Auch ein höherer Verschleiß als er in der Praxis auftritt, kann bei den Lebensdauerprüfungen nicht ausgeschlossen werden. Lebensdauerprüfungen werden bei der Stiftung Warentest – nicht zuletzt wegen des hohen Zeit- und Kostenaufwandes – nur an ausgewählten Produkten wie Waschmaschinen, Wäschetrocknern und an Geschirrspülmaschinen durchgeführt.[15]

[15] Vgl. Hanel (1997), S. 3ff.

Für den Zeitraum 2002 bis 2007 liegen insgesamt 15 Warentests vor, in denen die Produkte u.a. auf ihre Haltbarkeit geprüft worden sind. Die nachfolgende Tabelle gibt die wesentlichen Informationen dazu wieder:

Test-ressort	Produkt-gruppe	Anzahl Produkte	Testaspekte	Ge-wichtung
Freizeit und Reise	Trekking-fahrräder	15	Haltbarkeitsprüfung von Rahmen, Gabel, Antrieb, Lenker, Vorbau und der übrigen Bauteile. Bremsen: Wärme- und Dauerstandfestigkeitsprüfung. Verarbeitung: Lackierung, Verlegung der Züge, Spurversatz, Abstand Pedal–Vorderrad.	35%
	Cityräder	13	Bruchsicherheit von Gabel, Sattelstütze und Antrieb. Verarbeitung: Bewertung von Lackierung, Verlegung der Lichtkabel, der Züge für Bremsen und Schaltung, Qualität der Schraub-, Löt- und Schweißverbindungen. Check der Laufräder auf einem Walzen-Prüfstand mit Holperstegen	40%
	Fußbälle	20	Materialschäden, Umfangänderung, Formbeständigkeit, Druckverlust und Richtungsstabilität nach einer Belastungsprüfung	20%
	Laufschuhe	13	Beständigkeit des Fersenmaterials; Abrieb des Fersenfutters und der Einlegesohle; Biegefestigkeit der Sohle	15%
Haushalt und Garten	Waschmaschinen	16	Dauerprüfung Die Bewertung erfolgte nach Art und Zeitpunkt der aufgetretenen Fehler.	20%
	Raclettegeräte	16	Beschichtungen Verarbeitung	15%
	Staubsauger	17	Stoß- und Fallprüfungen: Motordauerlauf	10%
	Mixer	10	Dauerprüfung	20%
	Dampfreiniger	16	Fallprüfung	5%
	Entsafter	12	Dauerprüfung	15%
	Küchen-maschinen	14	Dauerprüfung; Korrosionsbeständigkeit; Spülmaschinenfestigkeit	20%
	Brotback-automaten	11	Dauerprüfung: Kneten; Beschichtungen und Verarbeitung	10%
	Bohr-maschinen	19	Motor-Dauerprüfung; bei Schlagbohrmaschinen und Bohrhämmern eine Schlagwerk-Dauerprüfung	20%
	Häcksler	22	Dauerprüfung; Verarbeitung	20%
	Rasenmäher	17	Korrosionsbeständigkeit; Rüttelprüfung	10%

Tabelle 1: Überblick der vorliegenden Haltbarkeitstests
Quelle: Stiftung Warentest

Die Testergebnisse der einzelnen in Tabelle 1 dargestellten Haltbarkeitskriterien werden bei jedem Produkt zu einem Gesamtwert addiert, so dass für jedes Produkt ein einziger Wert die Haltbarkeitsbewertung des Produktes angibt.

Die nachfolgenden Abbildungen geben für einige Produktarten die Ergebnisse der Haltbarkeitsprüfung wieder:

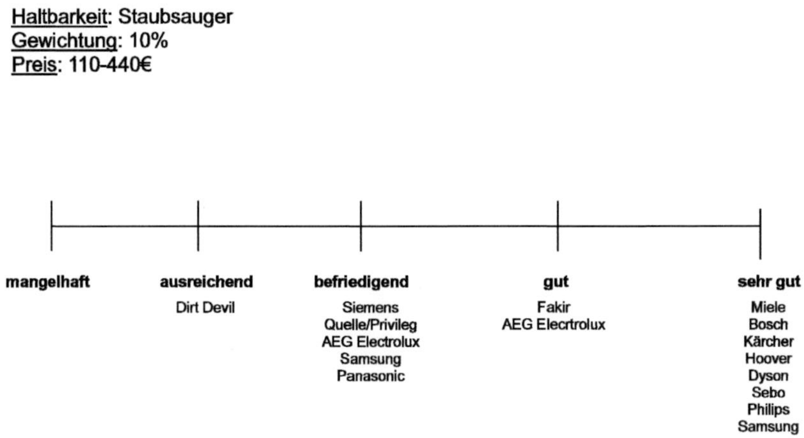

Abbildung 4: Ergebnis der Haltbarkeitsprüfung bei Staubsaugern
Quelle: „test“, 4/2007, S. 64f.

Haltbarkeit: Bohrmaschinen (Schlagbohrmaschinen; Bohrhämmer; Akkubohrschrauber)
Gewichtung: 20%
Preis: 70-230€; 100-230€; 50-175€

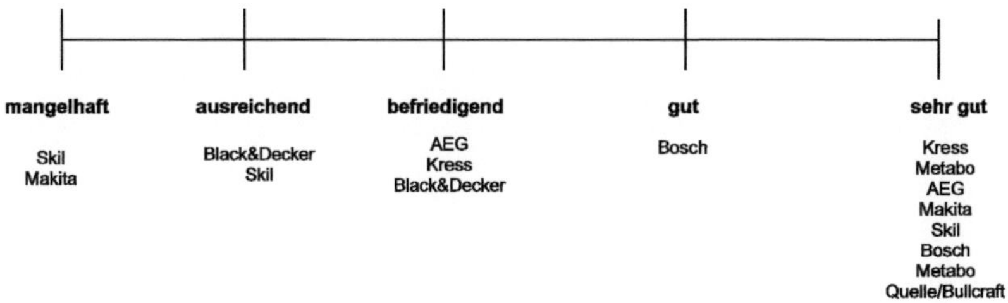

Abbildung 5: Ergebnis der Haltbarkeitsprüfung bei Bohrmaschinen
Quelle: „test“, 2/2006, S. 72f.

Haltbarkeit: Rasenmäher (Elektro; Benzin)
Gewichtung: 10%
Preis: 50-197€; 219-650€

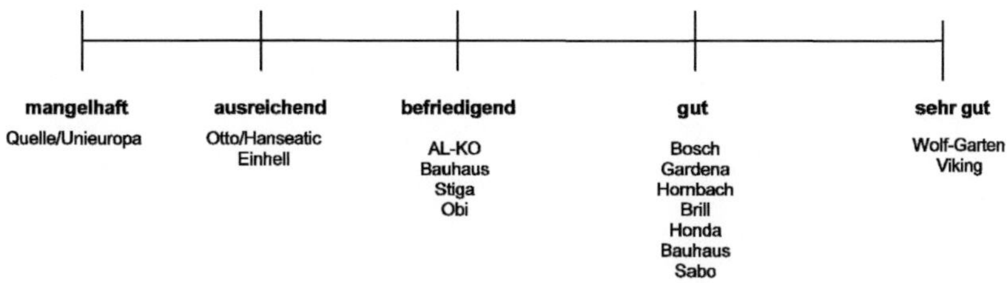

Abbildung 6: Ergebnis der Haltbarkeitsprüfung bei Rasenmähern
Quelle: „test“, 5/2007, S. 70f.

Haltbarkeit: Trekkingräder
Gewichtung: 35%
Preis: 400-550€

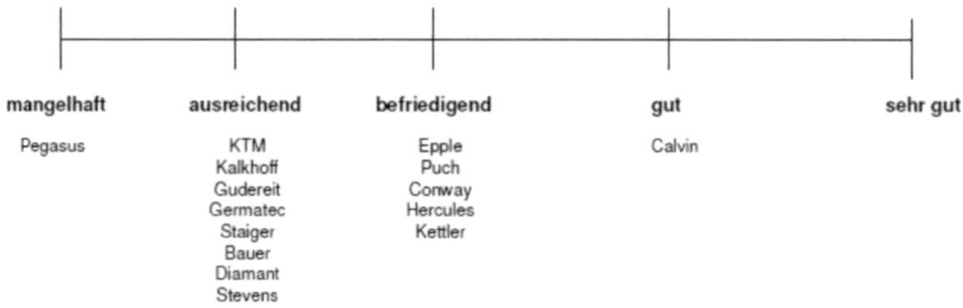

Abbildung 7: Ergebnis der Haltbarkeitsprüfung bei Trekkingrädern
Quelle: „test“, 5/2007, S. 78f.

Haltbarkeit: Waschmaschinen
Gewichtung: 20%
Preis: 395-970€

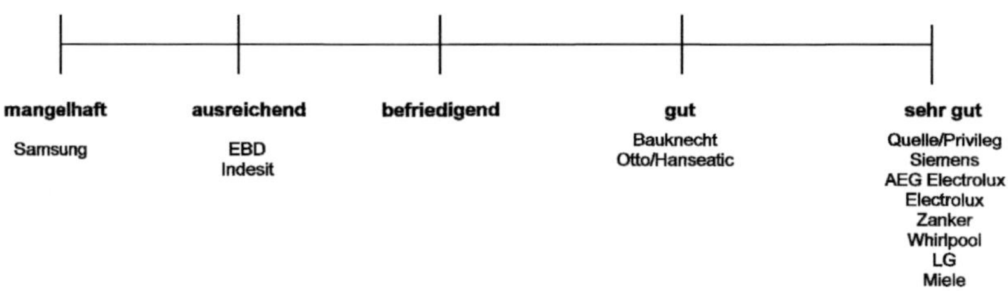

Abbildung 8: Ergebnis der Haltbarkeitsprüfung bei Waschmaschinen
Quelle: „test“, 9/2006, S. 78f.

Auf den ersten Blick wird bereits deutlich, dass sich die Haltbarkeitswerte über die gesamte Skala der Schulnoten von „sehr gut" bis „mangelhaft" verteilen. Um diese Aussage zu verifizieren, wird die Verteilung der Testergebnisse genauer untersucht. Dafür werden die vorliegenden Ergebnisse, wie in Tabelle 2 dargestellt, aggregiert:

Produktkategorie	**Produkte**
Fahrräder	Cityräder Trekkingräder
Haushaltsgroßgeräte	Waschmaschinen
Haushaltskleingeräte	Brotbackautomaten Mixer Raclettegeräte Staubsauger Entsafter Küchenmaschinen Dampfreiniger
Sportartikel	Laufschuhe Fußbälle
Werkzeuge und Gartengeräte	Bohrmaschinen Häcksler Rasenmäher

Tabelle 2: Zusammenfassung der Produkte nach Produktkategorien

Mithilfe von Boxplots kann dargestellt werden, wie sich die Haltbarkeitswerte über die Bandbreite der Schulnoten von „sehr gut" bis „mangelhaft" verteilen. Hier seien beispielhaft die Boxplots für Fahrräder sowie für die Produktkategorie Werkzeug und Gartengeräte abgebildet.

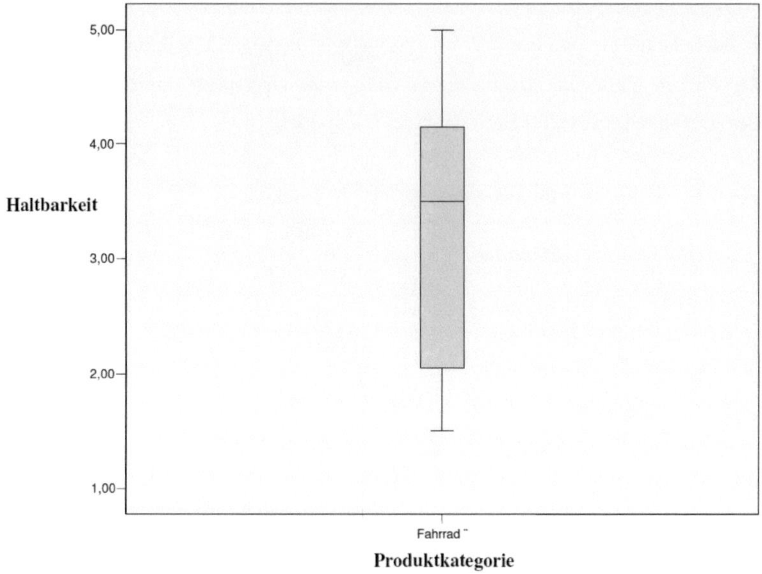

Abbildung 9: Boxplot der Haltbarkeitswerte für die Produktkategorie „Fahrräder“

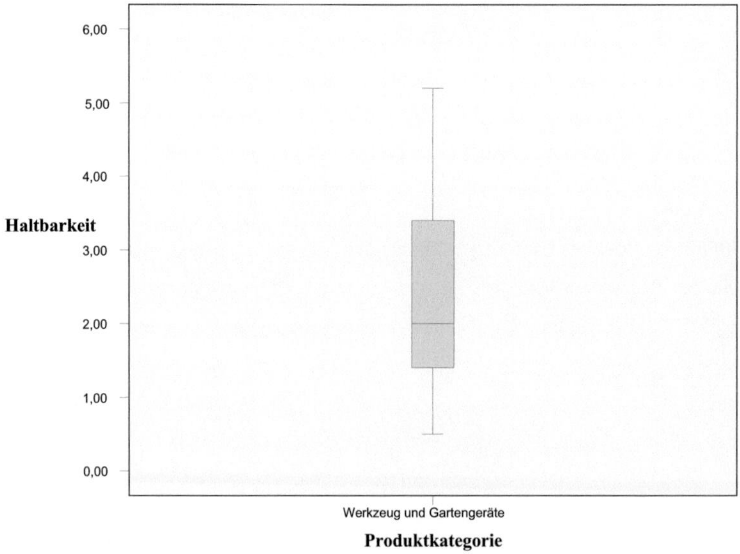

Abbildung 10: Boxplot der Haltbarkeitswerte für die Produktkategorie „Werkzeug und Gartengeräte“

Der Boxplot für die Produktkategorie „Fahrrad“ gibt an, dass 50% der Werte um den Median $q_{0.5} = 3.5$ in dem Bereich von $q_{0.25} = 2.03$ bis $q_{0.75} = 4.18$ streuen. Ein Viertel aller Bewertungen liegt dabei zwischen den Werten 1.5 und 2.03. Das am wenigsten haltbare Viertel aller Beobachtungen streut zwischen den Noten 4.18 und 5.0. Es wird deutlich, dass die Haltbarkeit von Fahrrädern tatsächlich über einen Horizont hinweg streut, was darauf hindeutet, dass ein Kontinuum existiert. Analog gilt für den Boxplot der Produktkategorie „Werkzeug und Gartengeräte“, dass 50% der Beobachtungen um den Median $q_{0.5} = 2.0$ in dem Bereich von $q_{0.25} = 1.4$ bis $q_{0.75} = 3.43$ streuen. Die oberen 25% der Werte liegen dabei im Bereich von 0.5 bis 1.4, während das untere Viertel zwischen den Werten 3.43 bis 5.0 streut.

Die dargestellten Ergebnisse zeigen, dass die eingebaute Haltbarkeit in den betrachteten Produktkategorien variiert, wobei sich drei Bereiche identifizieren lassen, in denen die Werte streuen. Der erste Bereich liegt zwischen der höchsten Bewertung der eingebauten Haltbarkeit und dem 25%-Quartil, d.h. in diesem Bereich liegen diejenigen Produkte, die über eine überdurchschnittlich hohe eingebaute Haltbarkeit verfügen. Der zweite Bereich weist als Endpunkte das 25%- und das 75%-Quartil auf, was bedeutet, dass 50% aller Produkte in diesem Bereich um den Median herum streuen. Dies lässt sich so interpretieren, dass sich in diesem Bereich alle Produkte befinden, deren Haltbarkeit als „durchschnittlich“ gekennzeichnet werden kann. In dem dritten Bereich (zwischen dem 75%-Quartil und der schlechtesten Bewertung) liegt das Viertel der Produkte, die mit einer unterdurchschnittlichen eingebauten Haltbarkeit versehen sind.

Die Tabelle 3 gibt jeweils das 25%- und 75%-Quartil sowie die beste und schlechteste Bewertung innerhalb der jeweiligen Produktart an.

Die Anzahl der Produkte eines Herstellers, deren Haltbarkeitsbewertung besser ist als das 25%-Quantil, kann Aufschluss darüber geben, welchen Stellenwert dieser Hersteller der Haltbarkeit einräumt.

Produkt-kategorie	Produktart	25%-Quartil	75%-Quartil	beste Bewertung	schlechteste Bewertung
Fahrräder	Cityrad	1.8	3.5	1.5	4.5
	Trekkingrad	2.85	4.25	1.8	5.0
Haushalts-großgeräte	Waschmaschinen	1.0	4.05	1.0	5.5
Haushalts-kleingeräte	Brotback-automaten	2.3	2.5	2.0	5.0
	Mixer	1.0	2.0	1.0	3.0
	Raclettegeräte	1.8	2.95	1.4	3.1
	Staubsauger	1.0	3.0	0.8	4.0
	Entsafter	1.0	5.0	1.0	5.0
	Dampfreiniger	1.4	3.85	1.0	4.7
	Küchenmaschinen	1.58	2.0	1.0	3.0
Werkzeug und Gartengeräte	Bohrmaschinen	0.5	3.83	0.5	5.2
	Rasenmäher	2.0	3.0	1.5	4.0
	Häcksler	1.4	2.75	1.4	5.0
Sportartikel	Laufschuhe	2.4	2.95	2.1	4.0
	Fußbälle	1.93	2.7	1.2	3.9

Tabelle 3: Quartile und Extremwerte der Haltbarkeitsbewertung

Es kann davon ausgegangen werden, dass die Wahrscheinlichkeit dafür, dass der Hersteller eine offensive Haltbarkeitsstrategie verfolgt, bei einem hohen Anteil an überdurchschnittlich haltbaren Produkten entsprechend groß ist. Beispielhaft können die folgenden Hersteller von Haushaltsgeräten (Klein- und Großgeräte) betrachtet werden:

Die Tabelle 4 legt offen, dass die Anteile an sehr haltbaren Produkten je nach Hersteller stark variieren. So weisen die Hersteller Bauknecht, EBD, Fakir, Kenwood, LG und Zanker kein einziges sehr haltbares Produkt auf. Die Anbieter Bosch, Efbe sowie Miele hingegen verfügen über einen Anteil von 100% an sehr haltbaren Produkten.

Marke	hohe Haltbarkeit	durchschnittliche/ geringe Haltbarkeit	Gesamtzahl Produkte
AEG/Electrolux	6 (54.5%)	5 (45.5%)	11
Bauknecht	0 (0%)	3 (100%)	3
Blomberg	1 (50%)	1 (50%)	2
Bosch	6 (100%)	0 (0%)	6
Braun	1 (25%)	3 (75%)	4
Candy	1 (50%)	1 (50%)	2
Clatronic	1 (25%)	3 (75%)	4
EBD	0 (0%)	2 (100%)	2
Efbe	2 (100%)	0 (0%)	2
Fakir	0 (0%)	2 (100%)	2
Hoover	1 (25%)	3 (75%)	4
Kenwood	0 (0%)	3 (100%)	3
Krups	1 (50%)	1 (50%)	2
LG	0 (0%)	2 (100%)	2
Miele	5 (100%)	0 (0%)	5
Moulinex	2 (66.67%)	1 (33.33%)	3
Panasonic	1 (50%)	1 (50%)	2
Philips	2 (40%)	3 (60%)	5
Privileg	6 (75%)	2 (25%)	8
Samsung	1 (33.33%)	2 (66.67%)	3
Severin	1 (20%)	4 (80%)	5
Siemens	3 (50%)	3 (50%)	6
Tefal	1 (33.33%)	2 (66.67%)	3
Unold	1 (33.33%)	2 (66.67%)	3
Whirlpool	1 (50%)	1 (50%)	2
Zanker	0 (0%)	2 (100%)	2

Tabelle 4: Anteile sehr haltbarer bzw. durchschnittlich/gering haltbarer Produkte je Anbieter

Um eine Abgrenzung zwischen offensiven und defensiven Hersteller zu ermöglichen, wird die Klassifikationsregel aufgestellt, dass mindestens 2/3, d.h. 66.67% der getesteten Produkte eines Herstellers als sehr haltbar eingestuft sein müssen, damit eine offensive Haltbarkeitsstrategie vorliegt. Wendet man diese Regel an, dann liegen insgesamt vier Anbieter vor, die als offensiv ausgerichtet bezeichnet werden können. Zu der Gruppe der Offensivanbieter zählen Bosch, Efbe, Miele, Privileg und Moulinex. Alle anderen Anbieter sind defensiv ausgerichtet.

Analog werden die Hersteller von Sportartikeln, Fahrrädern sowie Werkzeug und Gartengeräten untersucht. Die detaillierte Analyse ist in Anhang A zu finden.[16] Die folgende Tabelle liefert eine Übersicht über die offensiven und defensiven Hersteller je Produktkategorie.

Produktkategorie	**Offensive Hersteller**	**Defensive Hersteller**	
Haushaltsgeräte	Bosch Efbe Miele Moulinex Privileg	AEG/Electrolux Bauknecht Braun Clatronic Fakir Kenwood LG Philips Severin Tefal Whirlpool	 Blomberg Candy EBD Hoover Krups Panasonic Samsung Siemens Unold Zanker
Werkzeug und Gartengeräte	Brill Makita Metabo Viking	Bosch Wolf Einhell Kress	Black & Decker Gardena Skil
Fahrräder	Epple KTM	Diamant Gudereit Kalkhoff Simplon Stevens	Giant Hercules Kettler Staiger VSF
Sportartikel	---	adidas Derbystar NewBalance Puma	asics Jako Nike

Tabelle 5: Offensive und defensive Hersteller nach Produktkategorien
Quelle: eigene Darstellung

Auffällig ist, dass in der Produktkategorie "Sportartikel" keine Marke eine überdurchschnittlich hohe Haltbarkeit aufweist. Das legt die Vermutung nahe, dass hier andere Qualitätsmerkmale im Vordergrund stehen und stellt einen Hinweis darauf dar, dass es produktspezifi-

[16] Vgl. Anhang A, S. 173f.

sche Determinanten der eingebauten Haltbarkeit gibt. Daher dienen die beiden folgenden Kapitel der Aufdeckung von Determinanten der eingebauten Haltbarkeit. Zunächst werden in Kapitel 2.2 theoretische Ansätze zur Bestimmung der optimalen Haltbarkeit vorgestellt, auf deren Basis in Kapitel 3 Determinanten abgeleitet und systematisiert werden.

2.2 Theoretische Erklärungsansätze

Die Nutzungs- oder Lebensdauer von haltbaren bzw. langlebigen Gütern stellt den Gegenstand verschiedener wirtschaftwissenschaftlicher Analysen dar. Eine erste grobe Strukturierung der zahlreichen Studien liefert Waldman, indem er drei wesentliche Untersuchungsaspekte zur Lebensdauer von Gütern nennt.

Der erste Problemkreis befasst sich mit der Bestimmung der optimalen Lebensdauer.[17] Hier ist insbesondere der Aufsatz von Swan zu nennen, in dem der Beweis vollbracht wird, dass die von den Anbietern gewählte Produkthaltbarkeit unabhängig ist von der herrschenden Marktform.

Die langfristige Planung von Preisen langlebiger Güter stellt den zweiten Problembereich dar. Coase zeigt die Problematik auf, der sich ein monopolistischer Anbieter dauerhafter gleichartiger Güter gegenübersieht. Da gleichartige Güter, die zu unterschiedlichen Zeitpunkten verkauft werden, Substitute darstellen, konkurriert der Monopolist im Zeitablauf mit sich selbst. Sofern die Konsumenten rationale Erwartungen über die zukünftige Preisentwicklung haben, kann ein Monopolist seine Güter daher nur zu Preisen und Mengen wie bei vollständiger Konkurrenz verkaufen. Eine Möglichkeit diesen Preisverfall zu verhindern stellt die Verkürzung der eingebauten Haltbarkeit dar. Durch die kürzere Haltbarkeit werden Ersatzkäufe erforderlich, was einem Preisverfall entgegenwirkt.[18]

Das dritte Teilproblem ergibt sich aus dem Vorliegen asymmetrischer Informationsverteilung. Konsumenten sind bei vielen Gebrauchsgütern nicht in der Lage, deren Qualität vor dem Kauf zu beurteilen. Daraus kann das von Akerlof beschriebene Problem der adversen Selektion entstehen. Adverse Selektion beschreibt die mögliche Konsequenz der Unsicherheit eines

[17] Die übrigen zwei Problemkreise befassen sich implizit ebenfalls mit der Bestimmung der optimalen Lebensdauer. Obwohl andere Fragestellungen im Vordergrund stehen, umfasst die Lösung dieser Fragen auch eine Optimierung der eingebauten Haltbarkeit.

[18] Vgl. Bond/Samuelson (1984), Bulow (1986).

Käufers bezüglich der von Anbietern versprochenen festen Eigenschaften eines Gutes. Bei der eingebauten Haltbarkeit eines Gutes handelt es sich um eine Erfahrungseigenschaft, die vor dem Kauf nicht beurteilt werden kann. Im Fall von adverser Selektion wäre die am Markt angebotene Haltbarkeit relativ gering, obwohl gleichzeitig eine Nachfrage nach höherer Haltbarkeit existiert. Hier liegt der wesentliche Unterschied der drei vorgestellten Forschungsrichtungen. Während Swan eine Optimierung der eingebauten Haltbarkeit unter weitest-gehender Außerachtlassung der Nachfrager vornimmt, spielen die Konsumenten in den Ansätzen von Akerlof und Coase eine größere Rolle. Die Darstellung der drei Problemfelder zeigt, dass für die Entscheidung über die eingebaute Haltbarkeit zahlreiche Determinanten relevant sind. Daher sollen im Folgenden entsprechend dieser groben Einteilung in drei Teilaspekte Determinanten der eingebauten Haltbarkeit diskutiert werden, mit dem Ziel einen umfassenden und strukturierten Katalog von Einflussfaktoren auf die Entscheidung über die eingebaute Haltbarkeit zu erstellen. Für eine Systematisierung der Determinanten der eingebauten Haltbarkeit ist zunächst eine genauere Betrachtung der oben genannten Problemkreise erforderlich.

2.2.1 Die optimale Produkthaltbarkeit nach Swan

In den späten 1960er Jahren hat sich eine große Zahl von Autoren mit der Frage auseinandergesetzt, ob ein monopolistischer Anbieter von langlebigen Gütern die gleiche Produktlebensdauer wählt wie bei Vorliegen vollkommener Konkurrenz. Das Ergebnis dieser Analysen lautet, dass im Monopol eine geringere Produkthaltbarkeit implementiert wird als unter Wettbewerbsbedingungen.[19] In einer Reihe von Aufsätzen zeigt Swan jedoch, dass diese Schlussfolgerung nicht korrekt ist. Das Modell von Swan stellt einen Meilenstein der Durability-Theorie dar und soll demzufolge genauer betrachtet werden.[20] Man stelle sich ein Gut vor, das, falls es intakt ist, eine konstante Leistung pro Periode abgibt. Die abgelaufene Lebensdauer bestimmt, ob es intakt ist.

Die Ausfallwahrscheinlichkeit b steigt im Zeitablauf mit der Nutzung und ist unabhängig vom Verwendungsverhalten (Verwendungsintensität, -sorgfalt, etc.) der Konsumenten. Die Wahrscheinlichkeit, dass ein Produkt im Zeitpunkt t intakt ist, wird durch e^{-bt} ausgedrückt. Die

[19] Vgl. z.B. Kleiman/Ophir (1966), Levhari/Srinivasan (1969), Schmalensee (1970).

[20] Das Modell von Swan ist in der Literatur oftmals neu erörtert worden. Die vorliegende Darstellung orientiert sich an Swan (1970) und an einer Arbeit von Standop (1989).

Leistungsabgabe eines intakten Produktes wird als eine Mengeneinheit normiert, ein defektes Produkt gibt eine Leistung von Null ab. Die Ausfallwahrscheinlichkeit b wird durch die Haltbarkeitseigenschaften, d.h. Eigenschaften, die in Konstruktion und Fabrikation des Produktes angelegt sind, bestimmt. Damit bildet b als „eingebaute Produkthaltbarkeit" eine Entscheidungsvariable des betrachteten Herstellers. Es werden zunächst der Einfachheit halber monopolistische Marktverhältnisse und sichere Erwartungen unterstellt. Für die Konsumenten werden ebenfalls sichere Erwartungen angenommen. Darüber hinaus wird unterstellt, dass es seitens der Konsumenten keine Nachfrage nach Haltbarkeit per se gibt. Ihnen kommt es lediglich auf die Leistungsabgabe des Gutes pro Zeiteinheit an. Ein beliebtes Beispiel ist das einer Glühbirne. Die o.g. Annahme impliziert somit, dass es den Konsumenten egal ist, ob eine Glühbirne 200 oder 400 Stunden vorhält, sofern sich der im Produkt angelegte Nutzungsvorrat entsprechend im Preis niederschlägt. Die mit dem Auswechseln der Glühbirne verbundenen Unbequemlichkeiten spielen ebenso wie andere Transaktionskosten keine Rolle. Der Preis der Leistungsabgabe pro Zeiteinheit durch ein neuwertiges Produkt wird mit p bezeichnet. Mit Q als Summe der zu einem Zeitpunkt im Markt verfügbaren Leistungsabgaben gilt

$$(1) \quad p = g(Q)$$

als Preisabsatzfunktion des Monopolisten, bezogen auf die Leistungsabgabe in der Zeit als der für die Konsumenten allein bedeutsamen Variablen.

Der Kaufpreis P des Produkts ist der Kapitalwert des Zahlungsstroms, der für den kontinuierlichen Erwerb der Leistungsabgabe pro Zeiteinheit, etwa im Falle einer Anmietung, aufzuwenden wäre. Mit r als Kalkulationszinsfuß gilt

$$(2) \quad P(b) = \int_0^{\infty} (pe^{-bt}) e^{-rt} dt.$$

Für den Kalkulationszinsfuß wird angenommen, dass er mengenunabhängig für die Anlage sowie die Aufnahme von Kapital in gleicher Höhe gegeben ist, d.h. für Konsumenten und Hersteller gelten identische vollkommene Kapitalmarktbedingungen. In Verbindung mit Gleichung (2) folgt daraus Indifferenz des Herstellers gegenüber Verkauf und Vermietung als konkurrierende Vertriebsmethoden. Mögliche Einflüsse, die sich aus der Existenz eines Gebrauchtgütermarktes ergeben würden, werden vernachlässigt. Die Stückkosten des Herstellers werden durch die periodische Fertigungsmenge x(t) und die eingebaute Produkthaltbarkeit b bestimmt. Um die erste Einflussgröße zu neutralisieren, wird von konstanten Skalenerträgen ausgegangen. Des Weiteren gilt, dass Produkte mit einer hohen eingebauten Haltbarkeit höhere Stückkosten aufweisen und umgekehrt:

$$(3) \quad k = k(b) \text{ mit } k'(b) < 0 \text{ und } k''(b) > 0.$$

Das gesuchte Entscheidungskriterium ist aus der Zielfunktion des Herstellers abzuleiten, die es zunächst zu bilden gilt. Die Summe der zu einem gegebenen Zeitpunkt verfügbaren Leistungsabgaben verringert sich ohne laufende Produktion x(t) zu jedem Zeitpunkt um b*Q. Mit x > 0 gilt

$$(4) \quad \frac{dQ(t)}{dt} = Q'(t) = x(t) - bQ(t).$$

Da es den Konsumenten auf die Leistungsabgabe des Produkts ankommt, bedeutet es bei Vollkommenheit des Kapitalmarktes keine weitere Einschränkung der Analyse, wenn bei der Konstruktion der Zielfunktion von der Vertriebsmethode Vermietung ausgegangen wird.

Damit sind die Erlöse auf die Leistungsabgabe zu beziehen, während die Kosten mit Blick auf die Produktion definiert werden. Der Kapitalwert der Zahlungsüberschüsse ergibt sich dann als

$$(5) \quad G = \int_0^\infty \big(Q * g(Q) - xk(b)\big)e^{-rt}dt.$$

Gleichung (5) bildet mit (4) und $Q(0) = Q_0$ die Zielfunktion des Modells von Swan, aus dem das gesuchte Entscheidungskriterium zur optimalen Produkthaltbarkeit zu entwickeln ist.

Dafür wird zunächst Gleichung (5) umgeformt. Aus (4) lässt sich

$$x(t) = Q' + b * Q$$

bilden und in (5) einsetzen.

Nach Zerlegung folgt

$$(6)\quad G = \int_0^{\infty}\big(Q * g(Q) - bQ * k(b)\big)e^{-rt}dt - \int_0^{\infty} Q' * k(b)e^{-rt}dt\,.$$

Gemäß einer Grenzwertbetrachtung gilt nach partieller Integration

$$\int_0^{\infty} Q' * k(b)e^{-rt}dt = r * k(b)\int_0^{\infty} Q * k(b)e^{-rt}dt.$$

Wird der rechte Ausdruck in (6) eingesetzt, ergibt sich nach Zusammenfassung

$$(7)\quad \int_0^{\infty}[Q * g(Q) - k(b) * Q(b + r)]e^{-rt}dt.$$

Die Maximierung des Ausdrucks innerhalb der eckigen Klammern (bezeichnet als f) entspricht gemäß der Differentiationsregel von Leibniz der Maximierung der Zielfunktion G(b, Q).

Damit folgt als Entscheidungskriterium für b

$$\frac{\partial f}{\partial b} = k'(b) * Q(b + r) + Q * k(b) = 0$$

$$(8)\quad -k'(b) = \frac{1}{b+r} * k(b).$$

Für den Bestand ergibt sich als Optimumbedingung die Gleichheit von Grenzerlösen und Grenzkosten, jeweils bezogen auf Q:

$$(9)\quad Qg'(Q) + g(Q) = k(b)\,(b + r).$$

Es ist zu beachten, dass die Optimumbedingung unabhängig von t ist und damit der Bestand in der Zeit konstant bleibt. Die notwendigen Bedingungen zweiter Ordnung seien annahmegemäß erfüllt. Mit der Lösung von b und Q folgen die optimale periodische Fertigung sowie die optimalen Preise bei Vermietung und Verkauf. Die Gleichung (8) kann folgendermaßen interpretiert werden: Die gesetzten Annahmen sichern die Unabhängigkeit der optimalen Produkthaltbarkeit von der Erlösseite des Herstellerkalküls und führen für b zur kostenminimalen Lösung, die durch den Ausgleich der Grenz- und Stückkosten gekennzeichnet ist. Damit ist Swans Lösung für die optimale Produkthaltbarkeit von der angenommenen Marktform unabhängig.

Basierend auf dem Modell von Swan sind zahlreiche Untersuchungen zur Robustheit seiner Schlussfolgerung unter veränderten Annahmen durchgeführt worden. So analysiert z.B. Barro die Auswirkungen des Vorliegens unterschiedlicher Zinssätze von Konsumenten und Produzenten auf die Haltbarkeitsentscheidung, während Schmalensee und später Su, die Annahme eines wartungsfreien Gutes aufheben und den Konsumenten somit ermöglichen, mittels entsprechender Wartungsaktivitäten und Reparaturen die Produktlebensdauer zu beeinflussen.[21] Kamien und Schwartz beleuchten das Unabhängigkeitsresultat von Swan bei veränderter Kostenfunktion des Anbieters.[22] Darüber hinaus existieren zahlreiche weitere Studien auf die im Verlauf der vorliegenden Arbeit eingegangen wird.

2.2.2 Dauerhafte Güter und zeitliche Inkonsistenz: Die Coase-Problematik

Coase stellt in seinem Aufsatz die Problematik dar, der sich ein monopolistischer Anbieter unendlich dauerhafter Güter gegenübersieht und zeigt, dass ein monopolistischer Anbieter unter bestimmten Annahmen im Zeitablauf mit sich selbst konkurriert. Sofern die Konsumenten rationale Erwartungen über die zukünftige Preisentwicklung haben, kann ein solcher Monopolist seine Güter nur zu Preisen und Mengen wie bei vollständiger Konkurrenz verkaufen.

Es wird angenommen, eine Person sei der Eigentümer einer Insel. Der Boden der gesamten Insel ist in gleich große Grundstücke aufgeteilt, die vollständig homogen sind. Der Grundbesitzer bearbeitet das Land nicht, es stiftet ihm keinen Nutzen und verursacht ihm keine Kosten. Er könnte die Insel allerdings ohne großen Aufwand an die zahlreichen Nachfrager verkaufen, die jeweils ein Grundstück erwerben möchten. Die Nachfragekurve wird mit d bezeichnet, während die Grenzerlöskurve mit MR gekennzeichnet wird. Da er der einzige Anbieter ist, wird er wie in Abbildung 11 zu sehen ist, die Monopolmenge 0C, bei der die

---

[21] Vgl. Barro (1972), Schmalensee (1974), Su (1975).
[22] Vgl. Kamien/Schwartz (1974).

Grenzerlöskurve MR die Abszisse schneidet, zum Preis 0A verkaufen. Der Monopolist maximiert seinen Erlös und zugleich auch seinen Gewinn, da ihm durch den Verkauf keine Kosten entstehen. Das Land CD verbleibt im Besitz des Monopolisten. In einer neuen Verkaufsrunde wird er den Teil der Menge CD verkaufen, der es ihm wiederum ermöglicht, seinen Erlös zu maximieren. Da ihm danach noch ein kleiner Teil der Insel gehört, wird es eine dritte Verkaufsrunde, danach eine vierte usw. geben, bis das letzte Stück der Insel verkauft ist. Nach der ersten Verkaufsrunde haben sich all diejenigen Nachfrager ein Grundstück gekauft, deren Zahlungsbereitschaft mindestens 0A ist. In der zweiten Runde gibt es nur noch Nachfrager, deren Zahlungsbereitschaft kleiner als 0A ist. In der letzten Verkaufsrunde, bei der das letzte Stück Land verkauft wird, kann der Anbieter maximal den Preis 0B erzielen.

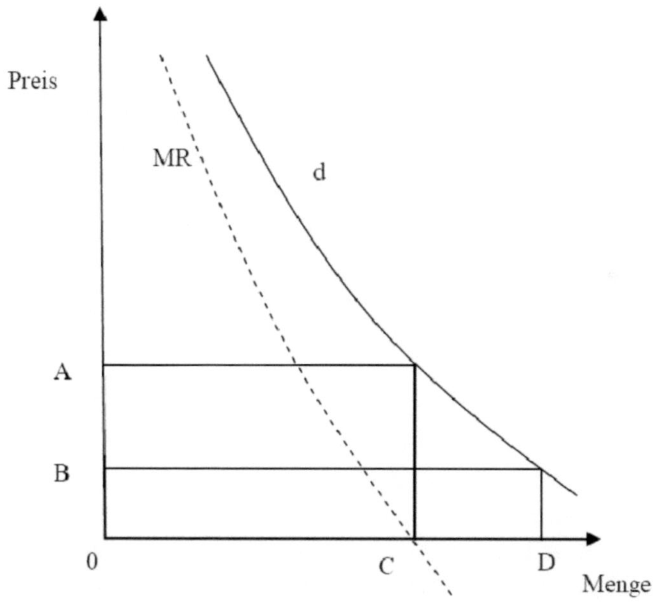

Abbildung 11: Nachfrage und Grenzerlös eines monopolistischen Anbieters
Quelle: in Anlehnung an Coase (1972), S. 144.

Theoretisch könnte der Monopolist seinen Gewinn noch erhöhen, wenn er in jeder einzelnen Verkaufsrunde nur ein Grundstück an den jeweils Meistbietenden verkaufen würde. Er könnte somit die gesamte Konsumentenrente abschöpfen. Das letzte Stück der Insel würde auch hier zum Preis 0B verkauft. Unabhängig von der Zahl der Verkaufsrunden wird letztlich immer die gesamte Insel, also die Menge 0D, verkauft. Geht der gesamte Verkaufsprozess nur hinreichend schnell vonstatten, oder haben die Nachfrager keine ausgeprägten Präferenzen, möglichst frühzeitig ein Stück Land zu besitzen, dann werden sie nicht bereit sein, mehr als den Preis 0B für ein Stück Land zu bezahlen. Da der Monopolist die gesamte Insel verkaufen wird, wobei er für das letzte Stück aber nie mehr als den Preis 0B erzielen kann, erhält er für jedes Stück Land nur 0B. Folglich braucht kein Nachfrager mehr als 0B zu bezahlen, um ein Stück Land zu erwerben. Verlangt der Monopolist einen höheren Preis, so werden alle Nachfrager die Preissenkung abwarten und vorerst nicht kaufen. Die Nachfrager reagieren unendlich elastisch, da sie bei einem Preis, der marginal über 0B liegt, nichts, beim Preis 0B aber alles kaufen werden. Solch einem Nachfragerverhalten ist üblicherweise ein Polypolist ausgesetzt, der über keinerlei Preissetzungsspielraum verfügt. Bei unendlich dauerhaften Gütern, die in begrenzter Anzahl vorhanden sind, wird jeweils die gesamte Menge zum entsprechenden Polypolpreis verkauft, auch wenn es nur einen Anbieter gibt. Ein Monopolist kann also keine Monopolrente erzielen. Er steht quasi im Wettbewerb mit sich selbst, da die zukünftig zu verkaufenden Güter vollständige Substitute zu den in der Gegenwart verkauften Gütern darstellen. Bei unendlich dauerhaften Gütern wird es zu keiner Beschränkung der Menge kommen, weil der Monopolist sonst auf Dauer im Besitz eines Teils der Güter bleiben würde, durch deren Verkauf er sich besser stellen könnte. Das von Coase gewählte Beispiel zeigt, dass der monopolistische Anbieter einer begrenzt vorhandenen natürlichen Ressource einem Preisverfall ausgesetzt ist. Ein Preisverfall ist auch möglich, wenn der Monopolist kein Eigentümer natürlicher Ressourcen ist, sondern wenn er die dauerhaften Güter erst selbst produzieren muss.[23]

Ausgehend von der von Coase aufgezeigten Problematik ist eine große Zahl von Studien entstanden, die sich mit der Frage befassen, wie ein monopolistischer Anbieter dem Preisverfall entgegenwirken kann. Als mögliche Maßnahmen nennt z.B. Nicholson, die Produkte im Zeitablauf zu differenzieren, in kurzen Abständen neue Produkte einzuführen und damit eine geplante Veralterung von Vorgängermodellen herbeizuführen.[24]

---

[23] Vgl. Coase (1972), S. 145f.
[24] Vgl. Nicholson (2002).

Bond und Samuelson identifizieren den Einbau einer geringen Haltbarkeit als Möglichkeit zur Verhinderung des Preisverfalls, da es dann zu Ersatzkäufen kommt.[25] Das Coase-Problem lässt sich auch durch die Wahl der Vertriebsart umgehen; entscheidet sich der Anbieter für die Vermietung statt den Verkauf seiner Güter, kommt es nicht zu dem oben beschriebenen Preisverfall. Darüber hinaus zeigen Ausubel und Deneckere, dass das Coase-Problem auch dann nicht auftritt, wenn für den Anbieter die Möglichkeit besteht, eine Reputation aufzubauen. Ein Anbieter, dem es gelungen ist, eine positive Reputation aufzubauen, was in diesem Fall bedeutet, dass der Anbieter glaubhaft versichert, keine Preissenkung vorzunehmen, wird von einer Preisreduzierung absehen, da er einen erheblichen Reputations-schaden in Kauf nehmen müsste. Es bleibt festzuhalten, dass als Lösung des Problems der zeitlichen Inkonsistenz, die geplante Obsoleszenz, d.h. die geplante Verkürzung der Produktlebensdauer, in Frage kommt. Bevor jedoch die Implikationen für die Haltbarkeitsentscheidung ausführlicher diskutiert werden, soll der oben bereits erwähnte dritte Problemkreis betrachtet werden.

2.2.3 Dauerhafte Güter und das Problem der adversen Selektion

Das dritte Teilproblem ergibt sich aus dem Vorliegen asymmetrischer Informationsverteilung. Konsumenten sind bei vielen Gebrauchsgütern nicht in der Lage, deren Qualität vor dem Kauf zu beurteilen. Daraus kann das von Akerlof beschriebene Problem adverser Selektion entstehen.[26]

Adverse Selektion beschreibt die mögliche Konsequenz der Unsicherheit eines Käufers bezüglich der von Anbietern versprochenen festen Eigenschaften eines Gutes. Hierbei kann es sich um eine besonders hohe eingebaute Haltbarkeit handeln, die der Anbieter zusichert.[27] Bei Erfahrungsgütern, die im Betrachtungszeitraum nur einmal von jedem Nachfrager erworben werden, besteht für die Anbieter kein Anreiz, Nachfragern, die eine hohe Zahlungsbereitschaft aufweisen, auch eine hohe Haltbarkeit zu liefern. Dies ist darin begründet, dass der Konsument die Haltbarkeit erst nach dem Kauf beurteilen kann und der Anbieter somit nicht befürchten muss, unzufriedene Kunden zu verlieren, da die Konsumenten unabhängig von der tatsächlich erworbenen Haltbarkeit das Produkt nur einmal erwerben. Akerlof verdeutlicht

[25] Vgl. Bond/Samuelson (1984). Ein Überblick über weitere Alternativen wie z.B. Reputationsaufbau zur Verhinderung des Preisverfalls findet sich bei Waldman (2003).

[26] Vgl. Akerlof (1970).

[27] Die Überlegungen lassen sich problemlos auf die Gesamtqualität, Produktsicherheit oder auf jedes beliebige Qualitätsmerkmal, das eine Erfahrungseigenschaft darstellt, übertragen.

diese Problematik anhand eines Marktes, auf dem anfangs Güter von unterschiedlicher Qualität gehandelt werden. Die Nachfrager zeichnen sich dabei durch unterschiedliche Qualitätspräferenzen aus. Da die Konsumenten aber nur unzureichend über die Güterqualität informiert sind, besteht für die Anbieter geringer Qualität ein Anreiz, einen fast ebenso hohen Preis zu verlangen wie Anbieter eines hochwertigen Produkts. Aufgrund dieses Anreizes ist den Nachfragern jedoch bewusst, dass ein hoher Preis nicht unbedingt hohe Qualität impliziert und sie kaufen demnach die Produkte der preisgünstigeren Anbieter. Eine solche Situation erzeugt aber für die Anbieter hoher Qualität einen Preisdruck nach unten, welcher eine Kostendeckung bei Wahrung des bisherigen Qualitätsniveaus nicht mehr gewährleistet. Infolgedessen werden diese Anbieter entweder den Markt verlassen oder das Qualitätsniveau senken.

Die Verdrängung von Produkten mit hoher eingebauter Haltbarkeit lässt sich mithilfe eines Zahlenbeispiels illustrieren.[28] Jeder Anbieter steht vor der Entscheidung, ein Produkt mit hoher eingebauter Haltbarkeit (b_h) herzustellen oder in seine Produkte eine geringe Haltbarkeit (b_g) zu implementieren. Der Einbau einer hohen Haltbarkeit verursacht Kosten in der Höhe von 1 Geldeinheit, während für eine geringe eingebaute Haltbarkeit Kosten in Höhe von $k_g = 0$ Geldeinheiten anfallen. Die Konsumenten haben die Wahl zwischen Kauf und Nicht-Kauf. Ein Gut mit einer geringen eingebauten Haltbarkeit stiftet den Konsumenten einen Nutzen von 1, eines, in das eine hohe Haltbarkeit eingebaut ist, liefert dem Konsumenten einen Nutzen in Höhe von 3 Nutzeneinheiten. Der Preis für ein Gut mit hoher eingebauter Haltbarkeit beträgt 2 Geldeinheiten. Die Konsumenten erwarten hohe eingebaute Haltbarkeit. Werden diese Erwartungen nicht erfüllt und der Konsument erhält ein Produkt mit b_g, ergibt sich ein Nettonutzen des Konsumenten von -1 und der Gewinn des Herstellers beträgt 2 Geldeinheiten wie in der folgenden Auszahlungsmatrix dargestellt:

	Kauf	**Nicht-Kauf**
$\mathbf{b_g}$	2/-1	**0/0**
$\mathbf{b_h}$	1/1	0/0

Abbildung 12: Auszahlungsmatrix bei irrationalen Erwartungen der Konsumenten
Quelle: Endres/Lüdecke (2001), S. 95.

[28] Vgl. Endres/Lüdecke (2001), S. 94ff.

Aus der Matrix ist ersichtlich, dass sich ein Hersteller durch die Wahl einer hohen eingebauten Haltbarkeit niemals verbessern kann, unabhängig davon wie sich der Konsument verhält. Damit ist das Angebot von b_g eine (schwach) dominante Strategie für den Hersteller. Das Nash-Gleichgewicht für dieses Spiel ist durch die Strategie (b_g, Nicht-Kauf) gekennzeichnet, d.h. es würden keine Transaktionen stattfinden. Die Konsumenten verbessern sich durch Nicht-Kauf, da sie für die geringe Haltbarkeit den Preis der hohen Haltbarkeit zahlen und ihr Nettonutzen dadurch negativ wird. Da eine hohe Haltbarkeit im Gleichgewicht nicht angeboten wird, kann die ursprüngliche Erwartung des Angebots hoher Haltbarkeit nicht rational sein. Die Konsumenten erwarten somit im Gleichgewicht nur das Angebot geringer Haltbarkeit. Die folgende Auszahlungsmatrix beschreibt die Anreizsituation für den Fall, dass die Konsumenten geringe Haltbarkeit erwarten. Der Preis für ein Gut mit geringer Haltbarkeit soll 0.5 Geldeinheiten betragen.

	Kauf	**Nicht-Kauf**
$\mathbf{b_g}$	**0.5/0.5**	0/0
$\mathbf{b_h}$	-0.5/2.5	0/0

Abbildung 13: Auszahlungsmatrix bei rationalen Erwartungen der Konsumenten
Quelle: Endres/Lüdecke (2001), S. 96.

In dieser Situation ist Kauf die dominante Strategie der Konsumenten, unabhängig davon, welches Haltbarkeitsniveau angeboten wird. Die Hersteller werden jedoch nur geringe Haltbarkeit anbieten, da das Angebot von hoher Haltbarkeit zu einem Preis von 0.5 Geldeinheiten zu Verlusten führt. Folglich wird das neue Nash-Gleichgewicht durch den Kauf eines Produktes mit geringer eingebauter Haltbarkeit (b_g, Kauf) erreicht. Bestehen seitens der Konsumenten Qualitätsunsicherheiten bezüglich eines Erfahrungsgutes, das innerhalb des betrachteten Zeitraumes nur einmal erworben wird, wählen alle Anbieter eine relativ geringe Produkthaltbarkeit. Hersteller, die eine hohe Haltbarkeit anbieten, sehen sich gezwungen, die eingebaute Haltbarkeit in ihren Produkten zu senken oder den Markt zu verlassen. Dasselbe gilt für die Konsumenten, die eine höhere eingebaute Haltbarkeit nachfragen. Das Modell von Akerlof impliziert demnach, dass die Art der Informationsverteilung einen Einfluss auf die Haltbarkeitsentscheidung von Herstellern hat.

Jede der drei vorgestellten Richtungen der Dauerhaftigkeitsforschung liefert implizit oder explizit Ansätze für die Ableitung von Determinanten, welche die Haltbarkeitsentscheidung von Herstellern beeinflussen. So sind im Rahmen der Darstellung des ersten Problemkreises bereits z.B. Anbieter- und Nachfragereigenschaften[29] (z. B. Kostenfunktion und Verwendungsverhalten)[30] genannt worden, die für die Entscheidung über die eingebaute Haltbarkeit von Bedeutung sind. Die beiden übrigen Bereiche liefern für die Haltbarkeitsentscheidung u.a. relevante Produkt- und Wettbewerbseigenschaften (bspw. Substituierbarkeit von Produkten und Informationsverteilung).[31] Diese neue Klassifizierung in anbieter-, nachfrage- sowie produkt- und wettbewerbsbezogene[32] Determinanten soll im Weiteren angewendet werden. Zur Identifizierung der Determinanten werden vorwiegend Ansätze herangezogen, die im Rahmen der oben vorgestellten Forschungsrichtungen entstanden sind. Diese werden gegebenenfalls um Ansätze, wie z.B. Qualitätskostenmodelle, erweitert.

[29] Im Folgenden wird von nachfragebezogenen Determinanten gesprochen. Diese Bezeichnung ist etwas allgemeiner gefasst, bezieht sich jedoch vorwiegend auf konsumentenspezifische Determinanten. Der Grund für die Verwendung des allgemeineren Terminus liegt darin, dass im zweiten Teil der vorliegenden Arbeit Hypothesen zu nachfragerspezifischen als auch zu produktbezogenen Determinanten abgeleitet und überprüft werden.

[30] Vgl. Kapitel 2.2.1.

[31] Vgl. Kapitel 2.2.2 und 2.2.3.

[32] Unter wettbewerbsbezogenen Determinanten werden neben der Marktform alle weiteren Eigenschaften, die den gesamten Markt betreffen, z.B. Informationsasymmetrie, Kapitalmarktbedingungen etc. verstanden.

3 Determinanten im Überblick

3.1 Produktbezogene Determinanten der eingebauten Haltbarkeit

Während Swan in seinem Modell Güter mit konstanter Leistungsabgabe betrachtet, untersuchen Schmalensee sowie Su die Auswirkungen auf die Haltbarkeitsentscheidung eines Anbieters, wenn es sich um Güter handelt, deren Leistungsfähigkeit im Zeitablauf abnimmt. Dies bedeutet, dass die Leistungsfähigkeit nicht nur durch die vom Anbieter vorgegebene eingebaute Haltbarkeit bestimmt wird, sondern auch durch Unterhaltungsausgaben während der Nutzungszeit beeinflusst wird. Für die Ableitung produktbezogener Determinanten liegt der Fokus zunächst auf der abgeänderten Annahme zur Leistungsabgabe.[33] Dafür werden zunächst die beiden genannten Gebrauchs-güterarten gegenübergestellt.

Nach dem Leistungsverhalten dauerhafter Güter während der Zeit ihrer Nutzung unterscheidet man idealtypisch zwischen

- Gütern mit konstanter Leistungsfähigkeit und
- Gütern mit abnehmender Leistungsfähigkeit.

a) Güter mit konstanter Leistungsfähigkeit

Glühbirnen, mechanische, optische oder elektronische Bauelemente u.a.m. zeichnen sich während der Betriebszeit durch eine nahezu gleichmäßige Leistungsabgabe aus und erfordern oder erlauben im Allgemeinen keinerlei Maßnahmen zum Erhalt ihrer Leistungsfähigkeit. Zum Ausfallzeitpunkt, wenn die geforderte Leistung nicht mehr erbracht werden kann, werden diese nicht-instandzusetzenden Güter sofort und vollständig unbrauchbar. Die Norm DIN 40 041 definiert Begriffe zur Zuverlässigkeit in der Elektrotechnik. Die dort verwandte Nomenklatur lässt sich in Grenzen generalisieren und allgemein auf technische Elemente und Systeme übertragen: Die Zeitspanne der Nutzung von (nicht-instandzusetzenden) Gütern mit konstanter Leistungsfähigkeit, in der Norm DIN 40 041 Brauchbarkeitsdauer genannt, ist von der Einhaltung einer festgelegten Mindestzuverlässigkeit abhängig. Die Festlegung der Zu-

[33] Vgl. Schmalensee (1974), Su (1975). Aus der Änderung der Art der Leistungsabgabe ergibt sich die Relevanz der konsumentengeschaffenen Haltbarkeit für die Gesamthaltbarkeit eines Produktes. Die Betrachtung der Nachfrageeigenschaft Verwendungsverhalten erfolgt dann in Abschnitt 3.4 sowie spezieller in 4.2.

verlässigkeit erfordert „die Angabe einer Zuverlässigkeitskenngröße mit Zahlenwert und Einheit sowie der zugehörigen Ausfallkriterien, Einflussfaktoren und der Betrachtungsdauer.“[34]

Abbildung 14 verdeutlicht die Zusammenhänge zwischen Nutzungsdauer und Zuverlässigkeit über die Zeit, die je nach ausgewählter Zuverlässigkeitskenngröße mehr oder weniger deutlich ausgeprägt sein kann. Auch wenn die Zuverlässigkeit die Erfüllung mehrerer Funktionen beinhaltet, bleibt die Definition der Nutzungsdauer letztlich ein eindimensionales Problem, da die Funktionserfüllung mit der kürzesten Zeitspanne nutzungsdauerbegrenzend wirkt. Die Nutzungsdauer von Gütern mit konstanter Leistungsabgabe ist innerhalb der Streukurven durch die technische Auslegung des Produktes begrenzt. Man nennt deshalb vielfach den Zeitraum der Güternutzung, der primär durch physisch-technische Einflussfaktoren geprägt ist, die technische Nutzungsdauer, denn eine Reparatur ist im Schadensfall nicht möglich oder würde mehr kosten als der Ersatz des Gutes. Da die technische Nutzungsdauer eines Gutes kein naturwissenschaftlich vorgegebenes Ende hat, sondern als geplante Größe in weiten Grenzen variiert werden kann, muss jede Lebensdauerauslegung einen Kompromiss darstellen, der vom Produzenten mit Anforderungsprofilen und Wirtschaftlichkeitsüberlegungen begründet wird. Die Lebensdauer von Gütern mit konstanter Leistungsabgabe ist im Grunde eine technische Lebensdauer unter vorgegebenen technischen und wirtschaftlichen Randbedingungen. Der Konsument kann jedoch im Allgemeinen keinen Einfluss auf den wirtschaftlichen Aspekt nehmen, weshalb für ihn die Lebensdauer als technisches Datum gilt. Die Glühlampe mit einer Auslegung auf 1000 Brennstunden für alle Wattagen kann hierfür als Beispiel gelten.[35]

---

[34] DIN 40 041, 1990 - 12.
[35] Vgl. Bellmann (1990), S. 15f.

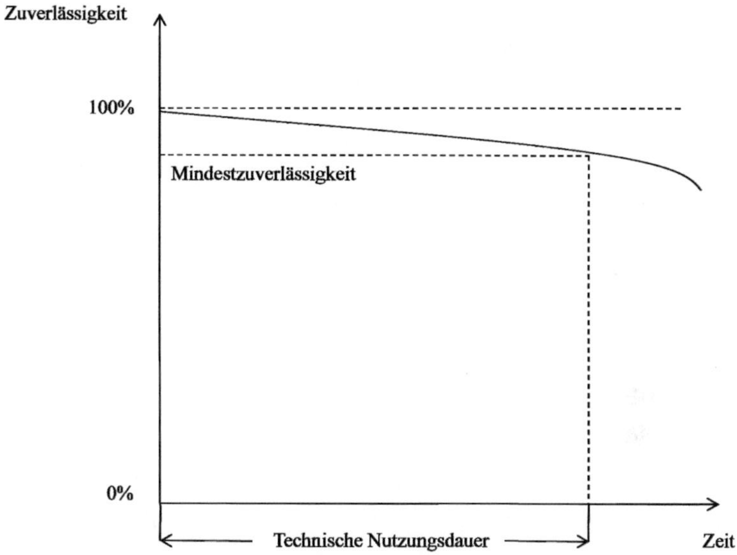

Abbildung 14: Definition der technischen Nutzungsdauer eines Gutes mit konstanter Leistungsfähigkeit aus seiner Zuverlässigkeit im Zeitablauf
Quelle: Bellmann (1990), S. 16.

b) Güter mit abnehmender Leistungsfähigkeit

Üblicherweise finden Güter mit konstanter Leistungsfähigkeit als Einzelteile oder als Bestandteile von Bauteilen Verwendung in Gütern mit abnehmender Leistungsfähigkeit, so dass die Abnahme der Leistungsfähigkeit während der Gebrauchsdauer für die meisten Gebrauchsgüter charakteristisch ist. Die funktionsbedingte Anordnung der Bauteile determiniert die Zuverlässigkeit des Produktes. Damit die Leistungsabgabe auf einem vorgegebenen, gewünschten Niveau gesichert ist, können vorsorgliche Erhaltungsmaßnahmen und ausfallbedingte Reparatur- oder Austauschmaßnahmen erforderlich werden. Eine Güterkonstruktion von der Art, dass alle Bauelemente eine einheitliche technische Lebensdauer aufweisen, ist aus technischen Gründen meist nicht möglich und aus wirtschaftlichen Überlegungen oft nicht sinnvoll. Vielfach ist der Schutz hochwertiger Teile durch definiert verschleißende und leicht austauschbare Teile oberstes Konstruktionsprinzip. Die Nutzungsdauer von Systemen aus austausch- oder reparierbaren Bauteilen oder -gruppen ist jedoch primär aus ökonomischen und nicht aus technischen Gründen begrenzt und wird deshalb wirtschaftliche Nutzungsdauer (oder auch wirtschaftliche Lebensdauer) genannt. Bei jedem Systemausfall muss entschieden werden, ob eine Reparatur oder eine Ersatzbeschaffung eines (u.U. technisch verbesserten) Gutes die wirtschaftlich sinnvollere Lösung ist.[36]

Schmalensee sowie Su decken somit als Determinante der eingebauten Haltbarkeit auf, ob die Möglichkeit der Instandsetzung besteht oder nicht. Falls eine Instandsetzung möglich ist, muss diese durch die Berücksichtigung der Kosten einer Reparatur und durch die Auswirkungen auf die Ausfallwahrscheinlichkeit in ein Optimierungsproblem eingehen. Da diese Variablen eng mit nachfragerbezogenen Determinanten verknüpft sind, wird später näher darauf eingegangen werden. Der Zusammenhang zu nachfragerbezogenen Determinanten wird darin deutlich, dass Schmalensee annimmt, dass Konsumenten die Unterhaltungsausgaben in Abhängigkeit vom Anschaffungspreis festlegen, was zu dem Ergebnis führt, dass die tatsächliche Ausfallwahrscheinlichkeit sinkt und Ersatzkäufe erst zu einem späteren Zeitpunkt getätigt werden.[37] Daher besteht seitens des Anbieters ein Anreiz, die Produkthaltbarkeit zu verkürzen. Dieser Anreiz existiert jedoch nicht, wenn der Anbieter die Höhe der Unterhaltungsausgaben selber bestimmen kann.[38]

Es bleibt somit festzuhalten, dass die technische Machbarkeit eine Determinante der Haltbarkeit bei Gütern mit konstanter Leistungsfähigkeit darstellt. Allerdings kann diese Determinante nicht isoliert betrachtet werden, da ein Anbieter daneben auch Wirtschaftlichkeitsüberlegungen und Anforderungen der Nachfrager berücksichtigen muss. Zu den Determinanten zählen auch Güte der verwendeten Materialien, z.B. Materialhärte[39] oder die Dicke des Glühdrahtes bei Glühlampen. Wie oben bereits erwähnt bilden Güter mit konstanter Leistungsfähigkeit im Allgemeinen die Bauteile für Güter mit abnehmender Leistungsfähigkeit. Daher hängt auch deren Haltbarkeit von den zum Zeitpunkt der Herstellung bestehenden technischen Restriktionen ab. Aufgrund des Umstands, dass bei jedem Funktionsausfall des Gebrauchsgutes mit abnehmender Leistungsfähigkeit neu entschieden werden muss, ob eine Reparatur unter wirtschaftlichen Aspekten sinnvoll ist, lassen sich weitere produktbezogene Determinanten der Haltbarkeitsentscheidung ableiten. Eine große Rolle kommt dabei der Reparaturfreundlichkeit bzw. Konstruktionsqualität zu. Die Reparaturfreundlichkeit oder Konstruktionsqualität verweist auf grundsätzliche konstruktive Eigenschaften, damit ist gemeint, dass

[36] Vgl. Bellmann (1990), S. 16f.
[37] Vgl. Schmalensee (1974).
[38] Vgl. Schmalensee (1979), S. 193. Wie sich das Verwendungsverhalten der Konsumenten im Detail auswirkt ist Gegenstand der Kapitel 3.4 und 4.2.
[39] Borsdorf (1974), S. 34.

schnell verschleißende Teile mit relativ geringem Aufwand austauschbar sind. Eine geringe Konstruktionsqualität würde bedeuten, dass Verschleißteile in einem dauerhaften Gut mit abnehmender Leistungsfähigkeit nur schwer zugänglich sind und deren Austausch einen relativ großen zeitlichen und finanziellen Aufwand impliziert. Ebenso wird die Produkthaltbarkeit durch die Verfügbarkeit von Ersatzteilen beeinflusst.

Neben den technisch geprägten produktbezogenen Determinanten der Haltbarkeitsentscheidung stellt die produktabhängige Wichtigkeit des Merkmals Haltbarkeit einen entscheidungsrelevanten Einflussfaktor dar. Analog zur technischen Machbarkeit dürfen auch bei dieser Determinante Abhängigkeiten zu anderen Einflussgrößen nicht außer Acht gelassen werden. Mit der Wichtigkeit der Eigenschaft Produkthaltbarkeit ist gemeint, dass es Produkte gibt, bei denen die Haltbarkeit eine geringere Rolle spielt als bei anderen Produkten, d.h. bei Produkten wie z.B. Mobiltelefonen oder Computern besteht seitens der Konsumenten weniger oder keine Nachfrage nach Haltbarkeit per se. Die produktabhängige Wichtigkeit der Haltbarkeit bzw. das Vorliegen einer Nachfrage nach Haltbarkeit per se impliziert, dass die betreffenden Produkte ein geringes technisches Innovationspotential, d.h. lange Innovationszyklen aufweisen sowie, dass sich diese nur durch einen geringen Grad der Modeabhängigkeit, sondern vielmehr durch ein zeitloses Design auszeichnen. Damit wären im Zusammenhang mit der produktabhängigen Wichtigkeit der Haltbarkeit zwei weitere Determinanten identifiziert: die Länge der Innovationszyklen und der Grad der Modeabhängigkeit.[40]

In einer empirischen Studie hat Sethi Determinanten der Qualität von neuen Produkten untersucht. Dabei kommt er zu dem Ergebnis, dass der Innovationsgrad eines Produktes einen negativen Einfluss auf die Qualität hat.[41] Ein Grund dafür ist darin zu sehen, dass ein sehr innovatives Produkt, große technologische Veränderungen als auch Änderungen im Fertigungsprozess bewirkt, welche ein Umdenken bei allen an der Herstellung Beteiligten erfordert. Durch diese Änderungen wird die Balance zwischen dem Produkt, der Technologie und dem Fertigungsprozess, die für eine geringe Variation der Produktion sorgt, gestört, was wiederum zu einer geringeren Qualität führt.[42] Damit stellt der Innovationsgrad eines Produktes eine weitere Determinante der eingebauten Haltbarkeit dar.

---

[40] Vgl. dazu Cooper (2004), S. 422 und die dort angegebenen Quellen sowie Meffert/Kirchgeorg (1996), S. 1333.

[41] Vgl. Sethi (2000).

[42] Vgl. Clark/Fujimoto (1991).

Die Festlegung wie umweltfreundlich ein Produkt sein soll steht in engem Zusammenhang zur Bestimmung der optimalen Haltbarkeit.[43] Grundsätzlich ist das längerlebige Konsumgut – ceteris paribus – das ökologiefreundlichere.[44] Je höher die Produkthaltbarkeit, desto später und damit insgesamt geringer ist der Ersatzbedarf und folglich niedriger fällt die ökologische Gesamtbelastung aus Produktvorlauf (u.a. Materialherstellung, -beschaffung, -aufbereitung, -lagerung), Produktherstellung (u.a. Energieverbräuche, Emissionen), Produktlagerungen (u.a. Energieverbräuche, Bodenbelastungen), Produktdistribution (u.a. Energieverbräuche, Emissionen) und Produktentsorgung (u.a. Energieverbräuche, Belastungen von Boden, Luft, Wasser) aus. Allerdings wird dieser Zusammenhang durch einige Spezifika bei Gebrauchsgütern relativiert. Der Aspekt Verpackung spielt bei Gebrauchsgütern eine untergeordnete Rolle, kann aber zumindest im weiteren Sinne mehr als Randrelevanz bekommen: Schutzhüllen oder -kästen können Gebrauchsgüter nicht nur während der Logistikprozesse zum Konsumenten in ihrer uneingeschränkten technischen Verwendbarkeit bewahren, sondern diese Funktion auch beim Konsumenten erfüllen. Entsprechendes gilt für „Verpackungen" in Form von Schutzanstrichen, z.B. Anti-Rostlackierungen bei PKW. Einerseits resultieren aus diesen „Verpackungen" Umweltbelastungen, andererseits führen sie aufgrund ihrer haltbarkeitserhöhenden Wirkung zu Umweltentlastungen. Derartige auf der rein ökologischen Zielebene zu klärenden Abwägungsfragen stellen sich in prinzipiell noch gewichtigerer Form auf der Materialebene. Hier stellt sich die Entscheidung darüber, ob das haltbarere, aber z.B. in seiner ökologischen Entsorgung problematischere Material eingesetzt werden soll oder, ob ein entsprechend kürzer haltbares Gut in der Gesamtbeurteilung sich eher als umweltfreundlich erweist. Als Beispiel seien Plastiktüten genannt, da hier eine Abwägung zwischen besonders reißfesten/belastbaren Materialien einerseits und besonders leicht/umweltfreundlich abbaubaren Materialien andererseits stattfinden muss.[45] Bei der Determinante Umweltfreundlichkeit wird deutlich, dass eine klare Trennung in produkt-, anbieter-, nachfrage- und wettbewerbsbezogene Determinanten nicht immer möglich ist. Die Auswirkung der Produkteigenschaft Umweltfreundlichkeit auf die Haltbarkeitsentscheidung hängt stark von den ökologischen Zielen des Anbieters ab. Ein ökologiebewusster Anbieter wird sich für eine hohe eingebaute Halt-

[43] Vgl. dazu z.B. Bellmann (1991).

[44] Produkte werden dann als umweltfreundlicher/ökologischer gewertet, wenn ihr Anteil am nicht regenerierbaren Verbrauch an Ressourcen, an der Umweltverschmutzung und an der Schädigung ökologischer Systeme (z.B. Ökosystem Wald) und Kreisläufe (z.B. Wasserkreislauf) niedriger liegt als bei bisherigen Varianten einer Produktkategorie. Anzuerkennen ist, dass der Begriff des umweltfreundlichen Produktes nur ein relativer Begriff ist, da „es das ökologische Produkt in seiner strengsten Form eigentlich nicht geben kann, denn irgendwelche Umweltbelastungen treten durch ein Produkt in seinen verschiedenen Lebensphasen praktisch immer auf." Vgl. hierzu: Türck (1991), S. 7.

[45] Vgl. Bänsch (1994), S. 249f.

barkeit und somit für ein umweltfreundliches Produkt entscheiden. Im Folgenden wird die Umweltfreundlichkeit als produktbezogene Determinante der eingebauten Haltbarkeit angesehen.

3.2 Anbieterbezogene Determinanten der eingebauten Haltbarkeit

Kamien und Schwartz sowie Auernheimer und Saving verändern das Grundmodell von Swan insofern, als dass sie die Annahme konstanter Skalenerträge aufheben.[46] Schmalensee bemerkt, dass die Ergebnisse dieser Analysen, dass Unabhängigkeitsresultat von Swan auf lange Sicht nicht widerlegen können.[47] In diesem Zusammenhang zeigt Abel in einem späteren Aufsatz, dass sich Anbieter auch bei Vorliegen nicht-konstanter Skalenerträge unabhängig von der Marktform kostenminimierend verhalten und dieselbe Haltbarkeit in ihre Produkte einbauen.[48] Unterstellt man also, dass sich die Anbieter bezüglich der eingebauten Produkthaltbarkeit kostenminimierend verhalten, dann deuten die beobachteten Unterschiede in der eingebauten Haltbarkeit in Kapitel 2 darauf hin, dass für die Anbieter unterschiedliche Kostenfunktionen gelten. Im Folgenden soll daher untersucht werden, von welchen Faktoren die Kosten beeinflusst werden und unter welchen Bedingungen sich ein hohes bzw. niedriges Haltbarkeitsniveau als kostenminimal erweist.

Analog zum Modell von Swan wird angenommen, dass die Kosten der eingebauten Haltbarkeit mit dem Haltbarkeitsniveau steigen, d.h. Produkte mit höherer Haltbarkeit weisen höhere Stückkosten auf. Andererseits sollen mit höherer Haltbarkeit die Kosten, die einem Unternehmen aufgrund von z.B. Reklamationen oder Garantien entstehen, sinken. Diese Kosten lassen sich auch als Haftungs- oder Fehlerkosten bezeichnen. Daraus ergibt sich ein U-förmiger Verlauf der Gesamtkosten, die optimale Haltbarkeit ist durch das Minimum der Gesamtkosten gegeben.

Ein analoger Ansatz wird in der Literatur im Rahmen des Qualitätsmanagements diskutiert. Das Problem der Bestimmung der optimalen Haltbarkeit lässt sich problemlos auf diesen Ansatz übertragen, wenn man annimmt, dass Qualität eindimensional über das Produktmerkmal Haltbarkeit gemessen wird. Unter Qualitätskosten werden alle Kosten zur Erhaltung, Siche-

---

[46] Vgl. Kamien/Schwartz (1974), Auernheimer/Saving (1977).
[47] Schmalensee (1979), S. 185.
[48] Vgl. Abel (1983).

rung und Verbesserung des Qualitätsniveaus von Produkten und Dienstleistungen, das ein Kunde erwartet oder das mit dem Kunden verbindlich vereinbart wurde, verstanden. Das Konzept der Qualitätskosten ist in den 1950er Jahren von Feigenbaum entwickelt worden, wobei die Kategorisierung der Qualitätskosten in prevention-, appraisal- und failure costs (P-A-F) erfolgt.[49] Die meisten Qualitätskostenmodelle basieren auf dieser Kategorisierung.[50]

Unter prevention costs sind Fehlerverhütungskosten zu verstehen, d.h. alle Kosten zur Sicherstellung der Qualität. Mit appraisal- und failure costs sind einerseits Prüf- und andererseits Fehlerkosten gemeint. Prüfkosten entstehen teils im Rahmen der Sicherstellung der Qualität und teils aufgrund mangelnder Qualität. Die Fehlerkosten können weiter differenziert werden in interne Fehlerkosten und externe Fehlerkosten, die entstehen, wenn Kunden Produktfehler bemerken. Das von Feigenbaum entwickelte Konzept zählt zu den sogenannten klassischen Ansätzen, in denen Qualität als optimal gilt, wenn die gesamten Qualitätskosten minimal werden, wobei die Optimierung bevorzugt bezüglich Fehlerkosten vorgenommen wird. Abbildung 15 gibt das Qualitätsoptimum gemäß der traditionellen Sichtweise wieder.

Bei einer Verminderung des Qualitätsniveaus, d.h. bei vollständigem Zurückfahren qualitätssichernder Maßnahmen erfolgt ein exponentieller Anstieg der Fehlerkosten. Analog gilt, dass der Fehleranteil mit steigenden Investitionen in die Qualitätssicherung (Fehlerverhütung und Prüfung) sinkt.

Für das Qualitätsoptimum gilt, dass die vollständige Fehlerfreiheit nur bei exponentieller Steigerung qualitätssichernder Maßnahmen möglich ist und dass, das Qualitätsoptimum unter 100% Fehlerfreiheit liegt.

---

[49] Vgl. Feigenbaum (1956).

[50] Vgl. z.B. Plunkett/Dale (1987), Machowski/Dale (1998), Sandoval-Chávez/Beruvides (1998).

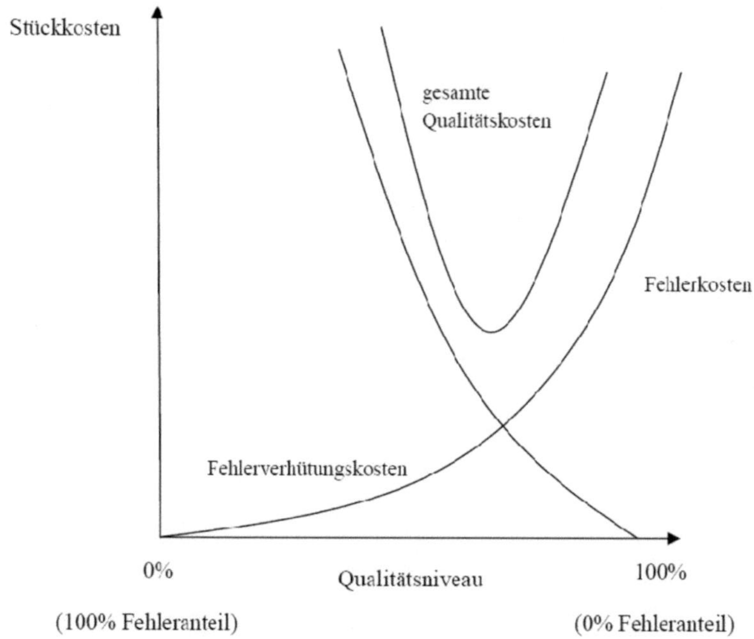

Abbildung 15: Klassisches Qualitätskostenmodell
Quelle: in Anlehnung an Schiffauerova/Thomson (2006), S. 5.

Der beschriebene traditionelle Ansatz ist vielfach kritisiert worden, wobei argumentiert wird, dass kein optimales Qualitätsniveau bestimmt werden kann, da jede qualitätssichernde Maßnahme gerechtfertigt ist. Damit müsste das Optimum bei 100% Fehlerfreiheit liegen.[51] Vor diesem Hintergrund ist Ende der 1980er Jahre ein verändertes Qualitätskostenkonzept entwickelt worden, dessen grundsätzlicher Ansatz lautet, dass Qualität per se keine zusätzlichen Kosten verursacht, sondern, dass vielmehr fehlende Qualität zu erhöhten Kosten führt. Die Kategorisierung der Qualitätskosten erfolgt nicht mehr gemäß dem P-A-F-Prinzip, sondern es werden Konformitäts- und Nicht-Konformitätskosten unterschieden. Während Konformitätskosten (Kosten der Übereinstimmung, Qualitätssicherungskosten) Aufwendungen, um Leistungen entsprechend den Kundenanforderungen zu erbringen und wertsteigernde Investitionen mit dem Ziel zukünftiger Qualitätsverbesserung umfassen, ergeben sich Nicht-Konformitätskosten (Kosten der Abweichung) aus dem Aufwand, der bei Nicht-Erfüllung von Qualitätsanforderungen und aus internen sowie externen Fehlerkosten entsteht. Für die Nicht-

[51] Vgl. z.B. Fox (1989), Plunkett/Dale (1988), Price (1984), Schneiderman (1986).

Konformitätskosten gilt als Zielgröße ein Wert von Null, d.h. das neue Qualitätskostenkonzept unterstützt das Ziel einer Null-Fehler-Produktion. Die nachstehenden Abbildungen verdeutlichen die Unterschiede in der traditionellen und neuen Qualitätskostengliederung und das neue Qualitätsoptimum.

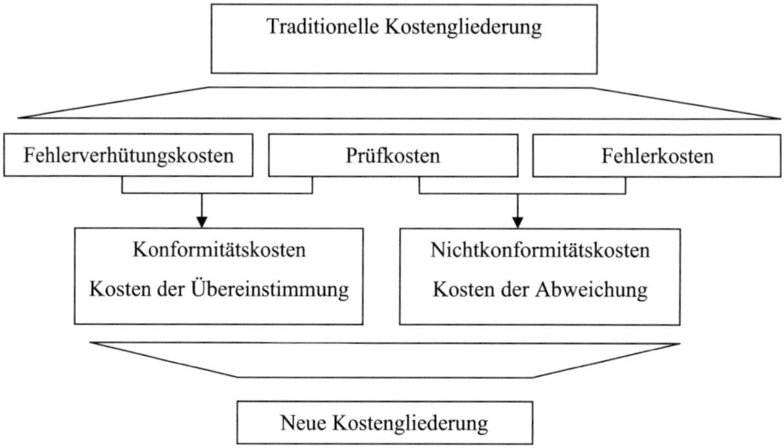

Abbildung 16: Traditionelle und neue Qualitätskostengliederung
Quelle: Horváth (1996).

In der Literatur sind beide Ansätze ausführlich diskutiert worden, wobei die Ergebnisse einer Simulationsstudie von Burgess vermuten lassen, dass beide Sichtweisen in einem Modell zusammengefasst werden können.[52] Die traditionellen Qualitätskostenmodelle haben unter der Bedingung eines endlichen Zeithorizonts Gültigkeit, während die neueren Modelle für die Berücksichtigung dynamischer Aspekte geeignet sind. Burgess‘ Ergebnisse sind in weiteren Studien bestätigt worden.[53]

Neuere Entwicklungen bemühen sich um den Einbezug von Opportunitätskosten in Qualitätskostenmodelle, wobei vorwiegend das traditionelle P-A-F-Modell herangezogen wird. Zu den Opportunitätskosten werden z.B. Reputationsschäden oder lost sales gezählt.[54]

[52] Vgl. Burgess (1996).
[53] Vgl. Fine (1986), Dawes (1989), Marcellus/Dada (1991).
[54] Vgl. z.B. Carr (1992), Sandoval-Chávez/Beruvides (1998).

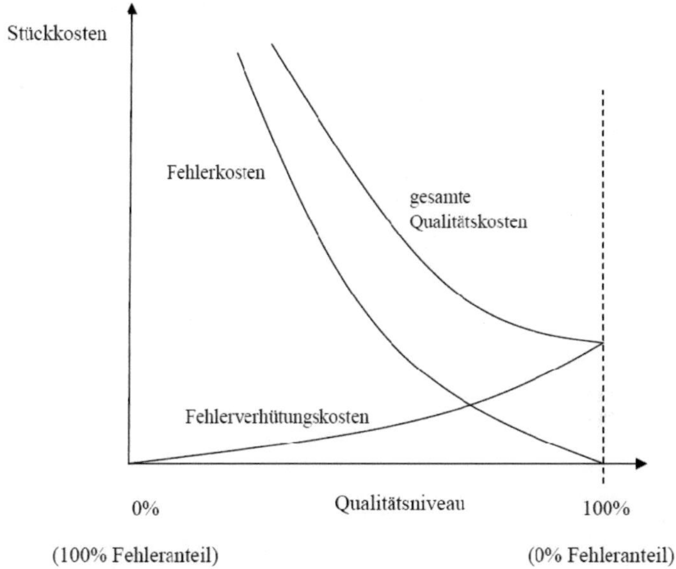

Abbildung 17: Neues Qualitätskostenmodell
Quelle: in Anlehnung an Schiffauerova/Thomson (2006), S. 5.

Diese entstehen im Falle von Produktversagen und sind daher als Fehlerkosten anzusehen. Bei der Bestimmung des Qualitätsoptimums muss in diesem Fall beachtet werden, dass die Fehlerkostenkurve steiler verläuft und die Verluste beim Auftreten von Fehlern höher sind, d.h. das Qualitätsoptimum wird auf einem höheren Niveau liegen. Damit stellt die Reputation eines Anbieters eine Determinante für die Haltbarkeitsentscheidung dar. Die Investitionen, die für den Reputationsaufbau vorgenommen worden sind, wären beim Auftreten von Fehlern u.U. unwiderruflich verloren. Um dies zu vermeiden, wird ein Anbieter mit hoher Reputation eine hohe Produkthaltbarkeit einbauen. Demnach handelt es sich bei allen Faktoren, welche die Fehlerverhütungskosten bzw. die Fehlerkosten beeinflussen, auch um Determinanten der eingebauten Haltbarkeit. Welche dies im Einzelnen sind, muss jedoch unternehmensspezifisch ermittelt werden.[55]

Anhand der Überlegungen zu Qualitätskostenmodellen lassen sich weitere Determinanten ableiten, wenn wie bereits erwähnt Qualität eindimensional über das Merkmal Haltbarkeit

[55] Vgl. Schiffauerova/Thomson (2006), S. 7 und die dort angegeben Quellen.

definiert wird. Freiesleben analysiert die Auswirkungen von Lerneffekten auf das optimale Qualitätsniveau und zeigt, dass die Qualität im Zeitablauf steigen kann. Der Grund ist der, dass die Kosten für qualitätssichernde Maßnahmen mit der Zeit aufgrund von Erfahrungseffekten abnehmen, was zu einem höheren Qualitätsniveau führt, wobei sich die Fehlerkosten nicht zwangsläufig ändern müssen.[56] Somit wären Lerneffekte als Determinante der eingebauten Haltbarkeit identifiziert, wobei diese Determinante einer weiteren Differenzierung bedarf. Lerneffekte in Bezug auf qualitätssicherende Maßnahmen ergeben sich unter der Bedingung, dass ein Unternehmen seine Qualitätskosten erfasst, auswertet, etc. Nur wenn ein derartiges Qualitätskostencontrolling implementiert ist, lassen sich Kostensenkungspotentiale aufdecken.[57] Wie weit ein Unternehmen auf der Lernkurve fortgeschritten ist, hängt unmittelbar vom Alter des Unternehmens bzw. vom Zeitpunkt des Markteintritts ab. Je länger ein Unternehmen am Markt agiert, umso mehr Qualitätsverbesserungen können, wie von Freiesleben beschrieben, durchgeführt worden sein.

Weitere anbieterbezogene Determinanten lassen sich anhand der in der Literatur diskutierten Möglichkeiten zur Lösung des Problems der zeitlichen Inkonsistenz ableiten. Nachdem dieses Problem von Coase thematisiert worden ist, haben sich zahlreiche spätere Veröffentlichungen damit beschäftigt, ob die Vermutung von Coase korrekt ist.[58] Waldman hält als wesentliches Ergebnis dieser Analysen fest, dass sich das Problem zeitlicher Inkonsistenz ergibt, wenn das Verhalten der Konsumenten nicht von vergangenen Perioden abhängt, so dass der Hersteller keine Möglichkeit zum Reputationsaufbau hat. Darüber hinaus beschäftigt sich eine Reihe von Aufsätzen mit den Möglichkeiten zur Verhinderung der zeitlichen Inkonsistenz bzw. des Preisverfalls von langlebigen Gütern. Im Folgenden sollen nur diejenigen Aufsätze behandelt werden, aus denen sich Konsequenzen für die Haltbarkeitsentscheidung ergeben. So identifizieren Bond und Samuelson den Einbau einer geringen Produkthaltbarkeit (geplante Obsoleszenz) als Alternative zur Verhinderung des Preisverfalls, da aufgrund der kurzen Haltbarkeit Ersatzkäufe realisiert werden.[59] Dieses Ergebnis wird von Bulow bestätigt.[60] Während die oben genannten und weitere Autoren den Begriff der geplanten Obsoleszenz so definieren, dass ein Anbieter eine aus wohlfahrtsökonomischer Sicht zu geringe Haltbarkeit einbaut, erweitern Waldman und andere die Bedeutung des Begriffes insofern, als dass Neuproduktein-

[56] Vgl. Freiesleben (2004).
[57] Vgl. Schiffauerova/Thomson (2006), S. 1.
[58] Vgl. z.B. Stokey (1981), Gul et al. (1986), Ausubel/Deneckere (1989).
[59] Vgl. Bond/Samuelson (1984).
[60] Vgl. Bulow (1986).

führungen ebenfalls als Mittel der geplanten Obsoleszenz in Frage kommen.[61] Diese Definition geht zurück auf Bulow, der darauf hinweist, dass geplante Obsoleszenz mehr umfasst als eine geringe Produkthaltbarkeit, nämlich auch wie oft ein Anbieter neue Produkte auf den Markt bringt und wie kompatibel diese mit älteren Produktversionen sind.[62]

Ausgehend von diesem Grundgedanken entwirft Waldman ein Modell, welches die Auswirkungen von Investitionen in Forschung und Entwicklung eines monopolistischen Anbieters in Bezug auf geplante Obsoleszenz untersucht. Das Modell umfasst zwei Perioden, wobei zu Beginn der zweiten Periode eine Entscheidung über eine Forschungs- und Entwicklungsinvestition zu treffen ist. Die Wahrscheinlichkeit, dass der Anbieter in der zweiten Periode ein qualitativ verbessertes Produkt anbietet, steigt mit der Höhe der F&E-Investition. Bezüglich der Konsumenten wird Heterogenität angenommen, d.h. es gibt zum einen Konsumenten, die der Qualität einen höheren Nutzen beimessen, diese werden als high valuation consumers bezeichnet. Zum anderen gibt es sog. low valuation consumers, für welche die Qualität eine geringere Rolle spielt. Die Einführung eines verbesserten Produktes in der zweiten Periode verringert den Marktwert der gebrauchten Güter, die von high valuation an low valuation Konsumenten weiter verkauft werden. Ohne die Neuprodukteinführung würden derartige Weiterverkäufe nicht stattfinden. In einer solchen von Waldman beschriebenen Situation wird das Problem der zeitlichen Inkonsistenz nur dadurch umgangen, dass der Monopolist bereits in der ersten Periode die Höhe seiner F&E-Investition in der zweiten Periode festlegt.[63] Nach der Argumentation von Waldman hätten F&E-Investitionen und Neuprodukteinführungen einen negativen Einfluss auf die einzubauende Produkthaltbarkeit. Dadurch, dass neue verbesserte Produkte auf den Markt kommen, die eine entsprechende Leistung z.B. kostengünstiger oder umweltfreundlicher erbringen, werden Vorgängermodelle obsolet und erreichen das Ende ihrer ökonomischen Haltbarkeit. Aus diesem Grund wäre eine höhere eingebaute Haltbarkeit überflüssig. Die Argumentation bezüglich der F&E-Investitionen ist jedoch auch genau entgegengesetzt möglich. Ein Anbieter, der verstärkt in die Forschung und Entwicklung investiert, verfolgt möglicherweise das Ziel, neue produkthaltbarkeitsfördernde Materialien, Konstruktionen o.ä. zu identifizieren. Der Anbieter muss dabei jedoch den technischen Fortschritt in sein Haltbarkeitskalkül mit einbeziehen, d.h. es ist wenig sinnvoll ein gleichsam ewig haltbares Produkt zu entwickeln, wenn dieses aber aufgrund von technischen Neuerungen nach

[61] Vgl. Waldman (1993) und (1996) sowie Choi (1994), Fishman/Rob (2000), Kumar (2002).
[62] Bulow (1986), S. 747.
[63] Vgl. Waldman (1996).

kurzer Zeit überholt ist. Dementsprechend kann die Determinante F&E-Investitionen nicht isoliert betrachtet werden, da die vorher beschriebenen Produkteigenschaften wie z.B. die Länge von Innovationszyklen bei der Wirkungsrichtung eine Rolle spielen. Lange Innovationszyklen und hohe F&E-Investitionen sprächen für eine hohe Haltbarkeit. Hohe F&E-Investitionen und kurze Innovationszyklen sind jedoch Indikatoren für eine relativ geringe Haltbarkeit.

3.3 Wettbewerbsbezogene Determinanten der eingebauten Haltbarkeit

Akerlof hat in seinem Modell gezeigt, dass unter asymmetrischer Informationsverteilung, nur eine geringe eingebaute Produkthaltbarkeit am Markt angeboten wird, da es zur adversen Selektion kommt. Die in Kapitel 2.2.3 beschriebene Anreizsituation der Anbieter (Agenten) kann sich ändern, wenn ein Produkt, dessen Haltbarkeit den Konsumenten nicht bekannt ist, wiederholt erworben wird und sich die Haltbarkeit nach dem Kauf ermitteln lässt. Da es sich bei der eingebauten Haltbarkeit um eine Erfahrungseigenschaft handelt, kann sie Einfluss auf die Gewinne eines Anbieters in der Folgeperiode haben, denn ein Wiederkauf wird nur stattfinden, wenn die Käufer mit dem Preis-Leistungs-Verhältnis des Produktes zufrieden sind. Andernfalls wechseln sie den Anbieter. Anbieter, die eine hohe Haltbarkeit versprechen und dieses Versprechen brechen, verlieren nach Ablauf einer Periode Nachfrager und erleiden somit Gewinneinbußen in den folgenden Perioden. Wenn diese Gewinneinbußen in der Zukunft die durch Betrug der Konsumenten (Angebot einer geringen Haltbarkeit) in der Gegenwart erzielten Gewinne übersteigen, lohnt sich der Betrug nicht. Klein und Leffler zeigen auf, unter welchen Bedingungen dies der Fall sein kann.[64] Die adverse Selektion lässt sich durch Preisprämien für qualitativ hochwertige Güter und Reputationsaufbau vermeiden.

Hier wird deutlich, dass die Reputation eine der wichtigsten Determinanten der eingebauten Haltbarkeit darstellt, da sie als Lösung für verschiedene Probleme, die sich beim Angebot dauerhafter Güter ergeben wie zeitliche Inkonsistenz und adverse Selektion, in Frage kommt. Darüber hinaus hat die Reputation direkten Einfluss auf die Fehlerkosten im Qualitätskostenmodell. Wie im Folgenden deutlich wird, soll unter Reputation konkret eine Haltbarkeitsreputation verstanden werden. Die Reputation, die Waldman als Lösung des Problems der zeit-

[64] Vgl. Klein/Leffler (1981).

lichen Inkonsistenz nennt, meint, dass der Anbieter sein Versprechen, den Preis nicht zu senken, hält.

Die Grundvoraussetzung für die Erzielung höherer Gewinne durch eine offensive Haltbarkeitsstrategie ist die asymmetrische Informationsverteilung zwischen Anbietern und Konsumenten sowie das Vorliegen heterogener Konsumenten, die eine unterschiedliche Haltbarkeit nachfragen. Ein Reputationsaufbau wäre wenig sinnvoll, wenn die eingebaute Produkthaltbarkeit eine Sucheigenschaft darstellen würde, da die Konsumenten in der Lage wären, ohne nennenswerte Kosten die Haltbarkeit eines Produktes bereits vor dem Kauf zu ermitteln. Die Signalfunktion, die aus einer Haltbarkeitsreputation oder Haltbarkeitsmarke resultiert, wäre damit überflüssig.

Neben der asymmetrischen Informationsverteilung ist für die Wahl einer offensiven Haltbarkeitsstrategie ausschlaggebend, wie viele Konsumenten im Falle des alleinigen Angebots einer geringen eingebauten Haltbarkeit den Markt aufgrund nicht erfüllter Haltbarkeitsanforderungen verlassen. Je weiter die in einer Akerlof-Situation angebotene Haltbarkeit und die eigentlich nachgefragte Haltbarkeit auseinanderklaffen, umso größer ist das ungenutzte Nachfragepotential, das eine offensive Haltbarkeitsstrategie sinnvoll macht. Damit würde sich grundsätzlich die Wettbewerbseigenschaft, ob das angebotene Haltbarkeitsniveau ausreichend ist, als Determinante der Haltbarkeitswahl anbieten. Diesbezüglich sind mehrere Szenarien denkbar: Angenommen, das am Markt vorhandene Niveau an eingebauter Haltbarkeit reicht den Nachfragern nicht, dann sollte sich ein Hersteller für eine offensive Haltbarkeitsstrategie entscheiden. Unter der Annahme, dass bereits einer oder mehrere offensiv ausgerichtete Anbieter im Markt existieren, sollte sich ein Hersteller, welcher vor der Strategiewahl steht, dafür entscheiden, sich bezüglich eines anderen Produktmerkmals offensiv auszurichten. Die wettbewerbsbezogene Determinante „am Markt angebotenes Haltbarkeitsniveau“ muss daher im Zusammenhang mit Nachfragereigenschaften gesehen werden.

Akerlof beschäftigt sich in seinem Modell mit gebrauchten langlebigen Gütern, d.h. sein Modell bezieht sich auf einen Second-Hand-Markt. Die Analyse der Auswirkungen der Existenz von Second-Hand-Märkten auf die eingebaute Haltbarkeit stellt einen weiteren Forschungszweig dar, der sich im Rahmen der Erweiterungen des Modells von Swan entwickelt hat. Im Modell von Swan sind Second-Hand-Märkte annahmegemäß ausgeschlossen. Da die betrachteten Konsumenten mit vollkommenem Wissen über die Haltbarkeit eines Gutes ausgestattet sind, das Verwendungsverhalten keine Rolle spielt und auch ein einheitlicher Zinssatz für alle Konsumenten gegeben ist, gelten für alle Konsumenten, die annahmegemäß den Kauf eines dauerhaften Gutes als Investitionsproblem betrachten, beim Kalkül des optimalen Ersatzzeitpunktes die gleichen Ausprägungen der Entscheidungsvariablen. Alle Konsumenten versuchen, den Preis pro Leistungseinheit des dauerhaften Gutes zu minimieren, was bedeutet, dass jeder Konsument das Gut bis zum optimalen Ersatzzeitpunkt halten muss. Es gibt keinen Anreiz, das Gut nach Überschreiten der optimalen Haltedauer zu erwerben.

In den Modifizierungen zu Swans Modell wird ein exogen eingeführter Second-Hand-Markt betrachtet, wobei dessen Existenz durch die Annahme begründet wird, dass es eine Nachfragergruppe gibt, die ein zwei Perioden dauerndes Gebrauchsgut, nur während der ersten Periode halten will, und eine zweite Nachfragergruppe, die das Gut nur während der zweiten Nutzungsperiode halten will.[65] Beispielhaft wird im Folgenden das Modell von Miller dargestellt, da es auch in späteren Arbeiten als Bezugspunkt dient.[66] Miller trifft die Annahme, dass die Erst-Perioden-Nutzung des Gutes einen Zusatznutzen stiftet, was zur Folge hat, dass trotz technischer Identität des Gutes in Erst- und Zweit-Periode ein Besitz des Gutes in der ersten Periode ökonomisch nicht gleichzusetzen ist mit dem Besitz in der zweiten Periode. In diesem Fall stellen also neue und gebrauchte Güter keine perfekten Substitute dar, d.h. die von Miller eingeführte Gruppe der Gebrauchtkäufer bewertet das Gebrauchsgut aufgrund des nicht mehr vorhandenen Zusatznutzens der Neuheit geringer. Für die Käufer des neuen Gutes wird angenommen, dass sie sich am Nettopreis, welcher den zu erzielenden Wiederverkaufspreis nach einer Nutzungsperiode berücksichtigt, orientieren. Aufgrund perfekter Information ist den Konsumenten der Wiederverkaufspreis bekannt. Weiterhin gilt, dass der Nettopreis eines Gutes für Erst-Perioden-Besitzer ($P_{neu} - P_{Wiederverkauf}$) über dem Preis für die Zweit-Perioden-Nutzer ($P_{Wiederverkauf}$) liegt.

In einer ersten Modellvariante unterstellt Miller, dass die Nachfrage nach Neugütern und die Nachfrage nach Gebrauchtgütern völlig unabhängig voneinander sind. Unter diesen Annahmen kommt Miller zu dem Ergebnis, dass kein Anreiz für die Eliminierung des Second-Hand-Marktes besteht, da dies zur Folge hätte, dass die Neugutkäufer ihre Zahlungsbereitschaft senken, weil ihnen der Wiederverkaufswert nicht mehr zugute kommt. Darüber hinaus fragen

[65] Vgl. Heidrich (1981), S. 44ff.
[66] Vgl. Benjamin/Kormendi (1974).

die ehemaligen Gebrauchtgutkäufer keine neuen Güter nach.[67] Der wesentliche Grund für dieses Ergebnis ist darin zu sehen, dass neue und gebrauchte Güter keine perfekten Substitute darstellen. Wäre diese der Fall, würde durchaus ein Anreiz bestehen, den Second-Hand-Markt zu eliminieren, da Hersteller von neuen Gütern mit den Anbietern gebrauchter Güter in Konkurrenz stünden. Eine Strategie zur Verhinderung von Second-Hand-Märkten wäre die die Einführung eines nach einmaliger Nutzung bereits zerstörten Gutes, was die extremste Form der Haltbarkeitsverkürzung darstellt.[68] Die Existenz eines Second-Hand-Marktes ist also nur unter bestimmten Bedingungen eine Determinante für die Haltbarkeitsentscheidung. Eine haltbarkeitsverkürzende Wirkung ist nur gegeben, wenn neue und gebrauchte Güter perfekte Substitute darstellen, und, wenn die ehemaligen Käufer von gebrauchten Gütern zu Erstnachfragern werden.

In einer weiteren Modifizierung erweitert Parks Swans Modell um Transaktionskosten, die beim Kauf eines langlebigen Gutes anfallen. Wie im Modell von Swan gilt mit p als Preis der Leistungsabgabe pro Zeiteinheit durch ein neuwertiges Produkt und Q als Summe er zu einem Zeitpunkt im Markt verfügbaren Leistungsabgaben $p = g(Q)$ als Preis-Absatz-Funktion eines monopolistischen Anbieters. Durch die Einführung von Transaktionskosten müssen die Konsumenten diese auf p aufschlagen, was sich negativ auf die Nachfrage Q auswirkt. Demnach bezieht der Anbieter die Transaktionskosten als eine Art zusätzliche Kosten in sein Entscheidungskalkül ein. Parks bestätigt das Unabhängigkeitsresultat von Swan, zeigt aber gleichzeitig, dass die Haltbarkeit eines Gutes in einer positiven Beziehung zum Level der Transaktionskosten steht. Die Erhöhung von p aufgrund von Transaktionskosten wirkt sich zwar negativ auf Q aus, wird jedoch durch eine Erhöhung der Produkthaltbarkeit teilweise kompensiert.[69] Aufgrund der positiven Beziehung zwischen der Höhe der Transaktionskosten und der Höhe der eingebauten Haltbarkeit, stellen die Transaktionskosten eine weitere wettbewerbsbezogene Determinante dar.

Barro sowie Ramm untersuchen ebenfalls, welche Konsequenzen sich aus der Änderung der Annahme eines vollkommenen Kapitalmarktes ergeben, wobei sie sich speziell mit der Existenz von Zinssatzdifferenzen zwischen Anbietern und Konsumenten befassen. Während Barro unterstellt, dass die Produkthaltbarkeit kostenlos verändert werden kann, untersucht Ramm

[67] Vgl. Miller (1974).
[68] Heidrich (1981), S.44.
[69] Vgl. Parks (1974).

den obigen Sachverhalt unter realistischeren Kostenbedingungen. Ramm kommt dabei zu dem Ergebnis, dass Unterschiede in den Zinssätzen von Konsumenten und Anbietern einen Einfluss auf die Nachfrage nach Haltbarkeit per se haben. Wenn der Zinssatz der Konsumenten über dem der Anbieter liegt, fragen die Konsumenten Güter mit einer kurzen eingebauten Haltbarkeit nach.[70] Damit steht der Zinssatz als Determinante der eingebauten Haltbarkeit fest.

Die Arbeit von Swan und die zahlreichen darauf folgenden Modellerweiterungen sind mit dem Ziel entstanden, den Einfluss der Marktform auf die eingebaute Produkthaltbarkeit zu erörtern. Schmalensee fasst die Ergebnisse dieser Studien zusammen und kommt zu der Erkenntnis, dass die Marktform unter bestimmten Annahmen eine Rolle bei der Haltbarkeitswahl spielt und bei anderen Prämissen keinen Einfluss ausübt. Schmalensee stellt fest, dass ein monopolistischer Anbieter eine geringere Haltbarkeit wählt, wenn die Nachfrager durch entsprechende Wartungs- und Reparaturaufwendungen die Ausfallwahrscheinlichkeit beeinflussen können. Die Marktform hat auch einen Einfluss auf die eingebaute Haltbarkeit, wenn diese als Grundlage für eine Preisdiskriminierung genutzt werden könnte oder wenn es eine Nachfrage nach Haltbarkeit per se gibt.[71] Damit steht die Marktform unter der Voraussetzung, dass bestimmte Nachfragereigenschaften vorliegen, als eine Determinante fest.

Wie die bisherigen Ausführungen zeigen, sind zahlreiche Determinanten der Haltbarkeitsentscheidung bereits untersucht worden, wobei nachfragerbezogene Eigenschaften insofern eine untergeordnete Rolle spielen, als dass bei der Analyse anderer Einflussfaktoren bezüglich der Nachfrager bestimmte Annahmen gesetzt werden. Im nachfolgenden Abschnitt sollen zunächst die oben bereits angedeuteten relevanten Nachfragereigenschaften genauer diskutiert werden. Darüber hinaus sollen Arbeiten betrachtet werden, deren Fokus auf nachfragerbezogenen Determinanten liegt.

3.4 Nachfragebezogene Determinanten der eingebauten Haltbarkeit

In den Arbeiten von Schmalensee und Su wird der Einfluss des Verwendungsverhaltens auf die eingebaute Haltbarkeit untersucht, indem die Art der Leistungsabgabe des betrachteten Gutes modifiziert wird, d.h. es werden haltbare Güter betrachtet, die sich durch eine abneh-

---

[70] Vgl. Barro (1972), Ramm (1974).
[71] Vgl. Schmalensee (1979), S. 193.

mende Leistungsfähigkeit auszeichnen, wobei die Leistungsabgabe durch Reparatur- oder Wartungsmaßnahmen beeinflusst werden kann.[72] Da sowohl Schmalensee als auch Su besonderes Augenmerk auf den Einfluss der Marktform auf die Haltbarkeitsentscheidung legen, wird ihre Argumentation leicht abgewandelt, um aufzuzeigen, wie sich die Verwendungssorgfalt auf die Entscheidung über die eingebaute Haltbarkeit auswirkt.[73]

Bei der Produktion einer Einheit des betrachteten Gutes fallen für den Hersteller Produktionskosten in Höhe von c Geldeinheiten an. Für den Fall vollkommener Konkurrenz entspricht der Preis genau den Produktionskosten. Durch den Einbau von Haltbarkeitseigenschaften bestimmt der Produzent die Ausfallwahrscheinlichkeit b des Gutes.

Im Folgenden soll b explizit als Ausfallwahrscheinlichkeit verstanden werden, d.h. je höher b ist, umso geringer ist die eingebaute Produkthaltbarkeit und vice versa. Um die Ausfallwahrscheinlichkeit zu verringern und damit die eingebaute Haltbarkeit zu erhöhen, fallen Kosten k(b) an. Es gilt: je geringer die Ausfallwahrscheinlichkeit bzw. je höher die eingebaute Haltbarkeit ist, desto höher werden die Haltbarkeitskosten.

Es sollen nun Güter betrachtet werden, die eine abnehmende Leistungsabgabe aufweisen. Die Ausfallwahrscheinlichkeit dieser Güter kann durch entsprechende Wartungs- und Reparaturmaßnahmen o.Ä., die wiederum mit Kosten verbunden sind, verringert werden. Für die Wartungs- bzw. Reparaturkosten gilt, dass sie mit höherer eingebauter Haltbarkeit bzw. geringerer Ausfallwahrscheinlichkeit abnehmen. Sowohl für Konsumenten als auch Anbieter sei perfekte Information unterstellt. Im Folgenden soll untersucht werden, welches Haltbarkeitsniveau die Anbieter wählen, wobei unterschieden wird, ob die Verantwortung für Wartung und Reparatur beim Hersteller oder beim Konsumenten liegt.

Wenn der Hersteller die Wartungs- und Reparaturkosten trägt, steht er vor dem Problem, die Ausfallwahrscheinlichkeit b so zu bestimmen, dass die gesamten Kosten K(b), die sich aus Haltbarkeits- sowie Wartungs- und Reparaturkosten zusammensetzen, minimal werden.

[72] Vgl. Schmalensee (1974), Su (1975).

[73] Die vorliegende Darstellung orientiert sich an der Analyse von Endres/Lüdecke (2001). Die rechtsökonomische Untersuchung von Endres/Lüdecke ist wesentlich ausführlicher. Die hier vorliegende Darstellung ist deutlich vereinfacht, was jedoch dadurch gerechtfertigt ist, dass hier lediglich umrissen werden soll, welche Auswirkungen sich aus der Änderung von Swans Annahmen ergeben.

$$(10) \quad K(b) = k(b) + \delta(b) \rightarrow \min_b!$$

mit

$k(b)$ = Haltbarkeitskosten

$\delta(b)$ = Reparatur-/Wartungskosten.

Die Haltbarkeitskosten steigen mit jeder zusätzlichen Einheit an Produkthaltbarkeit, d.h. je geringer die Ausfallwahrscheinlichkeit b ist, umso niedriger wird k(b). Es wird angenommen, dass jede weitere Verminderung von b im Vergleich zur vorherigen Verminderung mit größeren Anstrengungen verbunden ist, was einen konvex fallenden Verlauf der Funktion k(b) impliziert.

Demgegenüber stehen die Kosten für Wartung und Reparatur, die mit steigender Haltbarkeit fallen bzw. mit zunehmender Ausfallwahrscheinlichkeit steigen. Jede Reduzierung der Ausfallwahrscheinlichkeit führt zu geringeren Wartungs- und Reparaturkosten. Es wird unterstellt, dass ausgehend von einer hohen Ausfallwahrscheinlichkeit eine Verminderung dieser mit einer größeren Kostensenkung verbunden ist, als wenn von einem niedrigen b ausgegangen wird, d.h. δ(b) weist einen konvex steigenden Verlauf auf. Aus dem steigenden Verlauf der Kosten für Wartung und Reparatur und der negativen Steigung der Haltbarkeitskosten in Abhängigkeit von b resultiert für die Gesamtkosten K(b) ein U-förmiger Verlauf. Die Abbildung 18 verdeutlicht diese Zusammenhänge, wobei zu dem Zweck einer vereinfachten Darstellung die sonstigen Produktionskosten gleich Null gesetzt werden.

Aus der so bestimmten optimalen Ausfallwahrscheinlichkeit (eingebauten Haltbarkeit) b^* resultiert der folgende Preis des betrachteten Produktes, den Endres/Lüdecke als vollen Preis definieren:[74]

$$(11) \quad P_v(b^*) = k(b^*) + \delta(b^*)$$

[74] Vgl. Endres/Lüdecke (2001), S. 25.

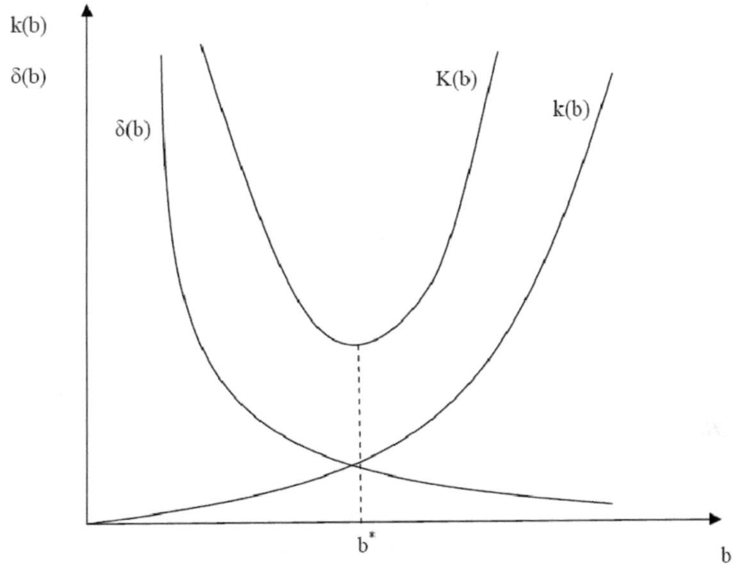

Abbildung 18: Soziales Optimum der Haltbarkeit
Quelle: in Anlehnung an Endres/Lüdecke (2001), S. 26.

Die Konsumenten werden das Produkt bei demjenigen Anbieter kaufen, der diesen Preis minimiert. Aufgrund des Vorliegens vollkommener Konkurrenz wird der Preis simultan zu den Kosten des optimalen Haltbarkeitsniveaus b^* minimiert. Es lässt sich daher feststellen, dass unter den obigen Annahmen die Hersteller stets ein sozial optimales Haltbarkeitsniveau produzieren. Die soziale Optimalität ergibt sich daraus, dass die Kosten sowohl für die Anbieter als auch für die Konsumenten minimiert werden. Für den Fall, dass die Konsumenten die Kosten für Reparatur und Wartung selber tragen müssen, wählen die Anbieter wiederum das sozial optimale Haltbarkeitsniveau. Endres/Lüdecke zeigen dies am Beispiel der Produkteigenschaft Sicherheit. Die Überlegungen sind jedoch ohne Einschränkungen übertragbar.

Im Unterschied zu den bisherigen Ausführungen sollen nun auch Konsumenten durch eine entsprechende Verwendungssorgfalt die Ausfallwahrscheinlichkeit eines Produktes beeinflussen können. Neben den Kosten für die eingebaute Haltbarkeit fallen nun seitens der Konsumenten Kosten für die Verwendungssorgfalt k(VS) an. Die Kosten für Reparaturen und Wartung hängen damit nicht mehr nur von der eingebauten Haltbarkeit, sondern auch von der Verwendungssorgfalt VS ab. Die Konsumenten verhalten sich rational und entscheiden sich somit für eine kostenminimale Verwendungssorgfalt VS^*. Unter dieser Annahme beträgt der volle Preis, den die Nachfrager entrichten müssen:

$$(12) \quad P_v(b^*) = k(b^*) + k(VS) + \delta(b^*, VS)$$

Die eingebaute Haltbarkeit und die Verwendungssorgfalt sind sozial optimal gewählt, wenn die Kosten sowohl für Hersteller als auch für Konsumenten minimal sind.

Es wird wiederum betrachtet, welche eingebaute Haltbarkeit die Anbieter mit Blick darauf, ob die Verantwortung für Wartung und Reparatur beim Hersteller oder beim Konsumenten liegt, wählen. Zunächst wird der Fall der Herstellerverantwortung beleuchtet. Da die Hersteller die Kosten für Wartung und Reparatur tragen, lohnt sich der Einsatz von Verwendungssorgfalt für die Konsumenten nicht, d.h. $VS^* = 0$. Der Hersteller antizipiert dieses Verhalten, was zu einer höheren eingebauten Produkthaltbarkeit führt. Die Hersteller wollen damit vermeiden, dass ihnen Kosten für Wartung und Reparatur entstehen, falls die Konsumenten z.B. durch unsachgemäßen Gebrauch einen Ausfall des Produktes herbeiführen. Im Gleichgewicht ist das Haltbarkeitsniveau gegenüber dem sozialen Optimum überhöht.

Bei Vorliegen von Konsumentenverantwortung für Wartung und Reparatur tragen die Konsumenten im Falle eines Schadens selber die Kosten und die Erträge einer hohen Verwendungssorgfalt kommen ihnen unmittelbar selbst zugute. Die Konsumenten wählen demnach eine Sorgfalt bei der Verwendung, deren Grenzkosten genau der marginalen Senkung der Ausfallwahrscheinlichkeit entsprechen. Die Hersteller profitieren in diesem Fall von einer erhöhten eingebauten Haltbarkeit in Form von höheren Preisen und dehnen die eingebaute Haltbarkeit soweit aus, bis die Grenzhaltbarkeitskosten der marginalen Senkung der Ausfallwahrscheinlichkeit entsprechen. Damit sind beide Bedingungen für die soziale Optimalität erfüllt.

Im Fall eines bilateralen Einflusses auf die Ausfallwahrscheinlichkeit durch Hersteller und Konsumenten ist jedoch auch denkbar, dass die Verantwortung für Wartung und Reparatur auf beide Akteure verteilt wird. Demnach müssen die Konsumenten ein gewisses Mindestniveau an Verwendungssorgfalt aufbringen. Erfüllen sie die Anforderung nicht, müssen sie die Kosten in einem Schadensfall selber tragen. Die Hersteller müssen dann eine Mindesthaltbarkeit in ihre Produkte einbauen, um nicht für eventuell anfallende Schadenskosten haftbar gemacht zu werden. Wird eines der Mindestniveaus so gewählt, dass es dem sozial optimalen Niveau entspricht, dann wird der jeweilige andere Akteur ebenfalls das sozial optimale Maß wählen. Diese Überlegung verdeutlicht, dass das Erreichen eines sozialen Optimums nur dann sichergestellt ist, wenn die erforderlichen Mindestniveaus an eingebauter Haltbarkeit bzw. Verwendungssorgfalt durch eine perfekt informierte neutrale Institution festgesetzt und kontrolliert werden kann. Aufgrund dieser Ausführungen kann festgehalten werden, dass die Verwendungssorgfalt der Konsumenten als Determinante für die Anbieterentscheidung zur eingebauten Haltbarkeit relevant ist.

Als weitere nachfragerbezogene Determinante diskutiert Ramm den Einfluss des Zinssatzes auf die Nachfrage nach Haltbarkeit per se. Ramm untersucht jedoch lediglich die Auswirkungen einer Zinssatzdifferenz zwischen Anbietern und Nachfragern.[75] Eine Untersuchung über die Konsequenzen von unterschiedlichen Zinssätzen innerhalb der Nachfragergruppe steht bislang noch aus. Bei der Erörterung der Anreize zur Eliminierung eines Second-Hand-Marktes sowie bei den Analysen von Akerlof und Klein/Leffler wird unterstellt, dass sich die Konsumenten bezüglich der Nachfrage nach Haltbarkeit unterscheiden.[76] Allerdings werden die Gründe für diese Unterschiede nicht weiter spezifiziert. Es steht jedoch fest, dass die Größe des Segmentes, welches eine größere Haltbarkeit nachfragt, d.h. das akquisitorische Potential durchaus ausschlaggebend ist, ob sich für den Anbieter der Einbau eben dieser nachgefragten Haltbarkeit lohnt.

Eine Analyse, welche indirekt einige Gründe für die unterschiedliche Nachfrage nach Haltbarkeit nennt, stellt die Arbeit von Bayus dar. Bayus identifiziert soziodemographische Faktoren bezüglich derer sich „frühe“ und „späte“ Ersatzkäufer unterscheiden. Dabei kommt er zu dem Ergebnis, dass sich frühe Ersatzkäufer besonders für Aspekte wie Styling und Image interessieren und im Vergleich zu späten Ersatzkäufern weniger über Kosten eines Ersatzkaufes nachdenken. Darüber hinaus weisen sie relativ höhere Einkommen auf, während die späten Ersatzkäufer mehr Suchaktivitäten unternehmen.[77]

---

[75] Vgl. Ramm (1974).
[76] Vgl. Akerlof (1970), Klein/Leffler (1981).
[77] Vgl. Bayus (1991).

3.5 Zusammenfassung

Der Einfluss der oben diskutierten Determinanten lässt sich schematisch wie folgt darstellen.

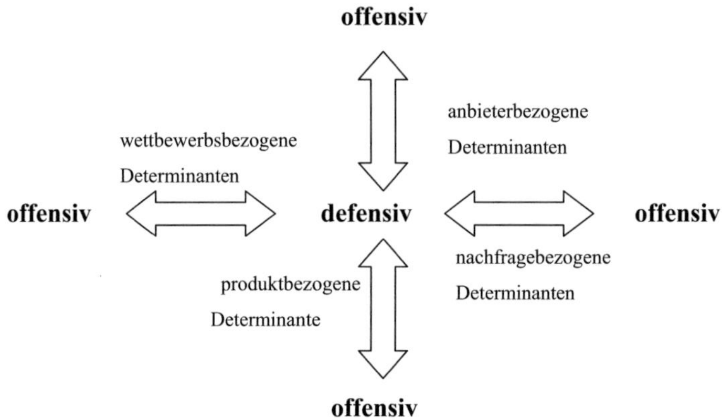

Abbildung 19: System von Haltbarkeitsdeterminanten

Die Abbildung verdeutlicht, dass es vier verschiedene Determinantentypen gibt, die bei Vorliegen entsprechender Ausprägungen entweder für eine hohe bzw. für eine geringe eingebaute Haltbarkeit sprechen, womit sich die in Kapitel 2 beobachtete Varianz erklären lässt. Die nachfolgende Tabelle gibt einen detaillierten Überblick über die hier diskutierten produkt-, anbieter-, wettbewerbs- und nachfragebezogenen Determinanten und deren Einfluss auf die Höhe der eingebaute Haltbarkeit. Ein Anbieter wählt eine hohe eingebaute Haltbarkeit, weil sein Unternehmen z.B. ein Qualitätskostenmanagementsystem implementiert hat und es sich um ein Unternehmen handelt, das bereits lange am Markt agiert. Die Diskussion hat allerdings gezeigt, dass kaum eine Determinante isoliert betrachtet werden darf, da zwischen den Determinanten Interaktionen bestehen. Besonders häufig ist ein Zusammenhang mit Nachfrageeigenschaften festgestellt worden.[78] Der Stand der Forschung ist jedoch in Bezug auf nachfragebezogene Determinanten der Haltbarkeitsentscheidung unbefriedigend. In den betrachteten Arbeiten spielen die nachfragebezogenen Determinanten insofern eine untergeordnete Rolle, als dass bei der Analyse anderer Einflussfaktoren bezüglich der Nachfrage bestimmte Annahmen getroffen werden, z.B. Heterogenität der Nachfrager. Die Heterogenität

[78] Vgl. z.B. die Ausführungen zu dem Modell von Akerlof auf S. 44ff. der vorliegenden Arbeit.

der Nachfrager könnte auf eine unterschiedliche Haltbarkeitspräferenz der Konsumenten zurückgeführt werden. Dieser Aspekt ist bis jetzt jedoch ausgeklammert geblieben. Demzufolge soll im folgenden Kapitel eine Detailanalyse von Nachfrageeigenschaften erfolgen, wobei die Frage im Vordergrund steht, worin sich die Nachfrager hoher und niedriger Haltbarkeit unterscheiden und welche Implikationen sich für die Anbieter langlebiger Güter bei der Entscheidung über die eingebaute Haltbarkeit daraus ergeben.

Determinante		**Autor**	**Effekt**
Produkt-eigenschaften	Möglichkeit zur Instandsetzung	Schmalensee (1974) Su (1975)	i.V.m. hoher Verwendungssorgfalt besteht ein Anreiz, kürzere Haltbarkeit einzubauen.
	Innovationsgrad eines neuen Produktes	Sethi (2000) Clark/Fujimoto (1991)	Negativer Zusammenhang zwischen Innovationsgrad und eingebauter Haltbarkeit
	Länge der Innovationszyklen, Grad der Modeabhängigkeit, Reparatur-freundlichkeit, Konstruktionsqualität	Cooper (2004) Meffert/ Kirchgeorg (1996)	Positiver Zusammenhang (Länge der Innovationszyklen, Reparaturfreundlichkeit, Konstruktionsqualität) bzw. negativer Zusammenhang (Grad der Modeabhängigkeit) mit der eingebauten Haltbarkeit
	Ingenieurtechnische Eigenschaften, z.B. „Güte" der Materialien (Materialhärte, Korrosionsbeständigkeit)	Borsdorf (1974)	Positiver Zusammenhang mit der eingebauten Haltbarkeit
	Umweltfreundlichkeit	z.B. Türck (1991) Bellmann (1991)	Positiver Zusammenhang zwischen Umweltfreundlichkeit und Haltbarkeit
Anbieter-eigenschaften	Implementierung eines Qualitäts-managementsystems	Schiffauerova/ Thomson (2006)	Falls implementiert, führt dies zu einer höheren Haltbarkeit
	Faktoren die Qualitätskosten beeinflussen, z.B. Reputation, Alter des Unternehmens	Carr (1992) Freiesleben (2004)	Positiver Zusammenhang zwischen Reputation und Alter des Unternehmens mit eingebauter Haltbarkeit
	F&E-Investitionen	Waldman (1996)	i.V.m. kurzen Innovationszyklen: kürzere Haltbarkeit, aufgrund von technischer Obsoleszenz

Tabelle 6: Übersicht über die Determinanten der eingebauten Haltbarkeit

Determinante		Autor	Effekt
Wettbewerbs-eigenschaften	Marktform	Swan (1972) Schmalensee (1979)	i.V.m. bestimmten Nachfrageeigenschaften wird im Monopol eine kürzere Haltbarkeit eingebaut
	am Markt angebotene Haltbarkeit/ akquisitorisches Potential	Akerlof (1970)	u.U. höhere eingebaute Haltbarkeit
	Existenz von Second-Hand-Märkten	Miller (1974) Benjamin/ Kormendi (1974)	u.U. haltbarkeitsverkürzender Effekt
	Gefahr der zeitlichen Inkonsistenz	Coase (1972)	Anreiz, geringe Haltbarkeit einzubauen.
	Zinssatzunterschiede zwischen Anbietern und Konsumenten	Barro (1972) Ramm (1974)	Wenn die Diskontrate der Konsumenten über dem Zinssatz der Anbieter liegt, gibt es Nachfrage nach Haltbarkeit per se.
	Transaktionskosten	Parks (1974)	Positiver Zusammenhang zwischen der Höhe der Transaktionskosten und der eingebauten Haltbarkeit
Nachfrage-eigenschaften	Verwendungs-verhalten	Schmalensee (1974) Su (1975)	Je sorgfältiger Konsumenten mit einem Gut umgehen, umso geringer die eingebaute Haltbarkeit.
	Diskontrate bzw. Nachfrage nach Haltbarkeit per se	Ramm (1974)	Wenn die Diskontrate der Konsumenten über der der Anbieter liegt, gibt es eine Nachfrage nach Haltbarkeit per se.
	Sozio-demographische Faktoren	Bayus (1991)	Frühe Ersatzkäufer legen Wert auf Styling und Image, verfügen über hohes Einkommen. Späte Ersatzkäufer stellen mehr Kostenüberlegungen an; späte Ersatzkäufer unternehmen mehr Suchaktivitäten.

Tabelle 6 (Fortsetzung): Übersicht über die Determinanten der eingebauten Haltbarkeit

Teil II: Eine Weiterführung: Nachfrageorientierte Determinanten der eingebauten Haltbarkeit

4 Hypothesenableitung

Wie beschrieben geht es darum, die nachfragebezogenen Determinanten näher zu beleuchten. Dies geschieht mit Blick auf die Fragestellung, bei welchen Ausprägungen der nachfragebezogenen Determinanten sich eine offensive bzw. defensive Ausrichtung der Hersteller in Bezug auf die eingebaute Haltbarkeit als vorteilhaft erweist. Zu diesem Zweck werden Hypothesen zur Kaufentscheidung von Konsumenten bei Existenz einer offensiv und defensiv haltbaren Produktalternative generiert. Lässt sich feststellen, worin sich die Käufer von Offensiv- und Defensivprodukten unterscheiden, können Determinanten identifiziert werden, die für eine bestimmte Haltbarkeitsausrichtung sprechen.

4.1 Die Haltbarkeitspräferenz als Determinante der Haltbarkeitswahl

Eine grundlegende Annahme von Swan, die auch in den anderen Durability-Studien getroffen wird, lautet, dass es keine Nachfrage nach Haltbarkeit per se gibt.[79] Im Folgenden wird diese Annahme aufgeweicht, um den Einfluss einer Haltbarkeitspräferenz auf die Entscheidung zwischen offensiver und defensiver Haltbarkeitsstrategie zu untersuchen.

Der Begriff der Präferenz findet sowohl in der Verhaltenswissenschaft als auch in der Mikroökonomik Verwendung. In verhaltenswissenschaftlicher Hinsicht ist aus den Einstellungswerten gegenüber einem Objekt eine Präferenzrangfolge ableitbar, die den Grad der Vorziehenswürdigkeit eines Objektes gegenüber einem anderen Objekt darstellt. Je weiter die Einstellungswerte auf einer normierten Skala auseinanderliegen, desto stärker wird ein Objekt gegenüber dem anderen präferiert.[80] In der mikroökonomischen Haushaltstheorie wird der Begriff der Präferenz ähnlich benutzt. Es wird die Annahme getroffen, dass der Vorzug einer bestimmten Güterkombination als Ausdruck seiner Präferenz gewertet werden kann. Die Präferenz wird jedoch axiomatisch und nicht verhaltenswissenschaftlich hergeleitet. Aus den Präferenzen ist dann das Nutzensystem des Konsumenten ableitbar.[81] Das Verhalten wird in der

[79] Vgl. Kapitel 2.2.1, S. 20f.
[80] Vgl. z.B. Kroeber-Riel et al. (2009), S. 215ff.
[81] Vgl. Böcker/Helm (2003), S. 158ff.

mikroökonomischen Theorie direkt aus der Präferenz abgeleitet. Das nutzenmaximale Verhalten eines Konsumenten impliziert die Realisierung der präferierten Alternative.

Diesem normativen Ansatz steht der deskriptive Ansatz des Konsumentenverhaltens gegenüber. Im deskriptiven Ansatz wird der Versuch unternommen, innere verhaltensbestimmende Prozesse des Konsumenten zu beschreiben. In diesen Modellen kommt der Einstellung und damit auch der Präferenz eine bedeutende Rolle zu, da vermutet wird, dass insbesondere die Einstellung in einem engen Zusammenhang zum Verhalten steht.[82] Die Theorie des begründeten Verhaltens nach Ajzen und Fishbein stellt einen solchen Versuch dar, das Konsumentenverhalten zu erklären und prognostizierbar zu machen. Es ist jedoch auch der umgekehrte Fall möglich, d.h. das Verhalten übt einen Einfluss auf die Einstellung aus, wie sich z.B. in der Dissonanztheorie von Festinger zeigt.[83] Die Hauptanwendung des Einstellungskonzepts entspricht jedoch dem erstgenannten Fall und soll hier weiter untersucht werden. Ajzen und Fishbein weisen darauf hin, dass in empirischen Studien sowohl ein Einfluss der Einstellungen für als auch gegen das Verhalten festgestellt worden ist. Als Gründe für die inkonsistenten Ergebnisse führen die Autoren messtechnische Probleme, den Einfluss persönlicher Erfahrungen sowie soziale und situative Bedingungen an.[84] Messtechnische Probleme ergeben sich dann, wenn die Einstellungs- und Verhaltensmessung nicht auf einer Ebene liegen. So ist es fragwürdig, aus der Einstellung zum Technologiefortschritt auf Verhaltensweisen zur Energieeinsparung schließen zu wollen. Darüber hinaus ist es wichtig, dass die Messung von Einstellungen und Verhalten möglichst zeitgleich stattfindet, da die Stärke der Einstellungs-Verhaltens-Relation mit der Zeit abnimmt. Einstellungen, die sich aus eigenen Erfahrungen mit dem Einstellungsobjekt bilden, sagen das Verhalten besser voraus als solche Einstellungen, die durch indirekte oder kommunikative Erfahrungen entstehen. Entsprechend dem Modell des begründeten Verhaltens haben soziale Rahmenbedingungen Einfluss auf den Zusammenhang zwischen Einstellung und Verhalten. So kann ein Individuum zwar gegenüber einem teuren Auto eine positive Einstellung haben, aber in Anbetracht der erwarteten Reaktionen aus seinem sozialen Umfeld von einem Kauf absehen. Situative Umstände umfassen Faktoren wie die Verfügbarkeit von Produkten, Sonderangebote, Zeitdruck oder auch das Wetter. Ebenso wie die sozialen Rahmenbedingungen sind sie auch in der Lage, die Relation zwi-

[82] Vgl. Böcker/Helm (2003), S.167.
[83] Vgl. Festinger (1957).
[84] Vgl. Ajzen/Fishbein (2005), S. 176ff.

schen Einstellung und Verhalten abzuschwächen.[85] Da sich die messtechnischen und situativen Einflussgrößen in empirischen Untersuchungen weitgehend eliminieren lassen, kann durchaus von einem Einfluss der Einstellung auf das Verhalten gesprochen werden.[86] Dabei ist die Beziehung in Abhängigkeit von den weiteren Bedingungen stärker oder schwächer ausgeprägt.

Nach dem Drei-Komponenten-Modell setzen sich die Einstellung und damit auch die Präferenz aus einer kognitiven, einer affektiven und einer konativen Komponente zusammen. Die kognitive Komponente besteht aus dem Wissen und den Erfahrungen sowie direkten und indirekten Informationen eines Konsumenten gegenüber einem Einstellungsobjekt. Dieses Wissen und die resultierende Wahrnehmung eines Objektes führen letztendlich dazu, dass der Konsument dem Einstellungsobjekt gewisse Eigenschaften zuspricht.

Die Emotionen gegenüber einem Einstellungsobjekt bilden die affektive Komponente der Einstellung. Die affektive Komponente umfasst dabei die individuelle Abschätzung eines Konsumenten, inwiefern er das Einstellungsobjekt global oder einzelne Attribute des Selben als positiv oder negativ beurteilt.

Die konative Komponente soll erfassen wie groß die Wahrscheinlichkeit und Bereitschaft ist, dass ein Konsument eine bestimmte Handlung bezüglich des Einstellungsobjektes vornimmt. Analog zu der Untersuchung von Asche soll die konative Komponente im Folgenden ausgeklammert werden, da unklar ist, ob sie noch der Einstellung zuzuordnen ist.[87] So interpretieren Behrens sowie Kroeber-Riel et al. die Konation als Variable, die zwischen der aus den beiden anderen Komponenten definierten Einstellung und dem Verhalten steht.[88]

Es ist umstritten, ob die kognitive oder die affektive Komponente einen stärkeren Einfluss auf die Einstellung ausübt. Die Ansätze, in denen die Kognition betont wird, basieren auf der Annahme, dass die Einstellung ein Ergebnis bewusster Wahrnehmungs- und Beurteilungsvorgänge sei. Es wird postuliert, dass einzelne Merkmale zunächst wahrgenommen und anschließend gemäß ihrer Merkmalsausprägung bewertet werden.[89] Mittels einer Aggregationsregel

[85] Vgl. Kroeber-Riel u.a. (2009), S. 223ff.
[86] Vgl. Six/Eckes (1996), S. 8f.
[87] Vgl. Asche (1990), S. 35.
[88] Vgl. Behrens (1991), S. 113f. sowie Kroeber-Riel et al. (2009), S. 217.
[89] Vgl. z.B. Kroeber-Riel et al. (2009), S. 246f.

werden die Einzelbewertungen dann zusammengefasst. Die Einstellung resultiert aus dem gewonnenen Gesamtwert. Obgleich in diesen Ansätzen, die als Multiattributmodelle bezeichnet werden, die affektive Komponente zwar als Gewichtungsfaktor gilt, werden diese Modelle trotzdem dem kognitiven Ansatz zugerechnet. Zum einen wird die Bedeutungskomponente als Wahrnehmungskoeffizient aufgefasst, zum anderen kann die affektive Komponente als Resultat ausführlicher Überlegungen und Abwägungen verstanden werden. Ansätze, welche die affektive Komponente in den Vordergrund stellen, weichen von der Struktur der Multiattributmodelle ab. Die Vorliebe für ein Objekt kann sich bereits zeitlich vor der bewussten Identifikation äußern. Allerdings beruht diese Bevorzugung zumeist auf in der Vergangenheit abgelaufenen kognitiven Prozessen.[90] Ein weiteres Argument für den affektiven Ansatz der Präferenzbildung ist die begrenzte Kapazität zur Informationsverarbeitung der Individuen, die somit zu einer ständigen kognitiven Verarbeitung nicht in der Lage sind. Der Präferenz gehen zwar kognitive Prozesse voraus, die das Individuum jedoch nicht bewusst kontrollieren oder beeinflussen kann. Die Problematik des affektiven Ansatzes ist darin zu sehen, dass seine Gültigkeit nur sehr schwer nachweisbar ist. Bei Befragungen zur Einstellung, muss sich der Befragte mit dem Objekt auseinandersetzen, was eine Dominanz der Kognition impliziert.[91]

Die Ausführungen zeigen, dass sich die Präferenz aus einer kognitiven und affektiven Komponente zusammensetzt. Es gilt nun die Frage zu beantworten, welche Variablen in dem konkreten Fall einer Haltbarkeitspräferenz diese Bestandteile repräsentieren. Zu diesem Zweck werden die Risikowahrnehmung, welche die kognitive Komponente verkörpert, und das Streben nach Haltbarkeit als affektive Komponente der Haltbarkeitspräferenz eingeführt.

4.1.1. Die Risikowahrnehmung als kognitive Komponente der Haltbarkeitspräferenz

Der Kauf eines langlebigen Gutes ist oft mit hohen Ausgaben verbunden. Das finanzielle und funktionale Risiko bei einem vorzeitigen Ausfall des Gutes ist im Vergleich zu anderen Gütern, wie z.B. Verbrauchsgütern, ungleich höher. Zudem entstehen beim Kauf Transaktionskosten in Form von Such- und Informationskosten sowie u.U. Kosten für Lieferung und Montage. Aus der Wahrnehmung des finanziellen und funktionalen Risikos lassen sich die subjektiv wahrgenommenen Transaktionskosten ableiten. Der Grundgedanke dabei ist, dass zwischen der Risikowahrnehmung und den subjektiv wahrgenommenen Transaktionskosten

[90] Vgl. Zajonc/Marcus (1982), S. 125.
[91] Vgl. Kroeber-Riel et al. (2009), S. 211ff.

ein enger positiver Zusammenhang besteht. Bei einem Schaden (funktionales Risiko) an einem Gut entstehen auf jeden Fall Transaktionskosten für eine Reparatur (finanzielles Risiko); bzw. im Fall eines Totalschadens, der eine Neuanschaffung erforderlich macht, entstehen Transaktionskosten in o.g. Form. Funktionales Risiko bezeichnet neben der Gefahr der mangelhaften Bedürfnisadäquanz auch die Gefahr einer Fehlfunktion eines Produktes. Der Käufer hat ein funktionales Risiko, da sich nach dem Kauf sachliche Mängel herausstellen können, die den Gebrauch des Produktes verhindern oder beeinträchtigen. Das finanzielle Risiko entsteht durch die Probleme der ex-ante Produktbeurteilung, wodurch auch ein ökonomisches Werturteil im Sinne des Preis-/Leistungsverhältnisses oftmals nur unter unvollständiger Information gefällt werden kann und somit als in hohem Maße risikobehaftet empfunden wird.[92]

Wie bereits angedeutet wird unterstellt, dass die Risikowahrnehmung in einem engen Zusammenhang mit den wahrgenommenen Transaktionskosten steht. Diese Beziehung soll im Folgenden näher erläutert werden. Da unter Risiko die Möglichkeit eines Schadenseintritts verstanden wird und Wahrnehmung die Kenntnisnahme aller Eigenschaften der Entscheidungssituation bezeichnet, folgt daraus die Definition der Risikowahrnehmung als das Wissen um die Möglichkeit zukünftiger Schäden, die sich im Rahmen bestimmter Handlungen ereignen können. Die Risikowahrnehmung bezieht sich gemäß dieser Definition auf die Wahrnehmung von Risiken in konkreten Situationen und kennzeichnet im Gegensatz zu der weiteren Fassung des Wahrnehmungsbegriffs keinen Prozess, sondern einen Zustand. Die Risikowahrnehmung wird somit in einer Situation als gegeben unterstellt und ist nicht veränderbar.[93]

Das wahrgenommene Risiko kann in zwei Komponenten unterteilt werden: Zum einen ist der Verlustumfang eine relative Größe, die vom Anspruchsniveau der betreffenden Person abhängt und das Ausmaß angibt, in dem der Erwartungs-wert unterschritten wird. Zum anderen spielt das Ausmaß der empfundenen Ungewissheit über die Unvorteilhaftigkeit der Handlungsalternative mit in die Interpretation des Risikos hinein. Der Ungewissheit liegt ein Mangel an Informationen über die Kauf- bzw. Verwendungssituationen zugrunde, der sich z. B. bei der Einschätzung der Bedürfnisse, der Ermittlung von Entscheidungsproblemen, der Zielerfüllung durch das angebotene Produkt etc. ergeben kann. Die Eintrittswahrscheinlichkeit des Erwartungswertes wird durch die subjektive Ungewissheit erfasst. Der mögliche Verlustumfang wird mit der Eintrittswahrscheinlichkeit gewichtet und als finanzielles Risiko ein-

[92] Vgl. Gardini (2007), S. 33.
[93] Vgl. Asche (1990), S. 37.

gestuft. Das potentielle Fehlen zugesicherter Eigenschaften, wie z. B. die eingeschränkte Gebrauchsfähigkeit eines Gegenstandes stellt Nachteile dar, die durch das funktionale Risiko reflektiert werden. Beide Komponenten, der Umfang der Einbußen finanzieller und funktionaler Art und deren Eintrittswahrscheinlichkeiten, werden gemeinsam vom Interessenten eingeschätzt und als wahrgenommenes Risiko in einer Größe zusammengefasst.[94] Analog zu der Risikowahrnehmung hängen auch die wahrgenommenen Transaktionskosten von der Schadensschwere und der Schadenswahrscheinlichkeit ab. Ein Schaden geringen Umfangs verursacht Transaktionskosten in Form von Kosten für eine Reparatur in geringerer Höhe als ein schwerer Schaden. Ebenso wird ein Schaden, der mit großer Häufigkeit auftritt, letztlich höhere Transaktionskosten bewirken als ein Schaden, der nur selten vorkommt. Parks hat in einer Erweiterung des Modells von Swan einen positiven Einfluss der Höhe der Transaktionskosten auf die eingebaute Haltbarkeit festgestellt.[95]

Wissenschaftlich noch nicht geklärt ist, ob die Zusammenführung der beiden Komponenten des wahrgenommenen Risikos auf additive oder multiplikative Weise erfolgen soll.[96] Da aber das wahrgenommene Risiko und somit auch die wahrgenommenen Transaktionskosten als Gesamtes erfasst werden sollen, wird hier auf eine getrennte Betrachtung der beiden Komponenten Schadensschwere und -wahrscheinlichkeit verzichtet.

Die Risikowahrnehmung muss unabhängig von der Höhe des objektiven Risikos gesehen werden.[97] Einen festgelegten Wert für die Bestimmung des Risikos gibt es nicht, unterschiedliche Versuchspersonen werden die einzelnen Risikosituationen unterschiedlich interpretieren und eine andere Risikobereitschaft haben; dies lässt sie das Risiko anders wahrnehmen. Der Begriff des objektiven Risikos muss folglich insofern relativiert werden, als dass damit der Wahrnehmungsdurchschnitt einer Gruppe, die Wahrnehmung von Experten oder im besten Fall statistische Vergangenheitswerte gemeint sind.[98]

Da die Risikowahrnehmung als unabhängig von der Höhe des objektiven Risikos angesehen werden muss, können sowohl hohe als auch niedrige Risiken als hoch oder niedrig wahrge-

---

[94] Vgl. z. B. Cunningham (1967), S. 87; Cox (1967), S. 38.
[95] Vgl. Kapitel 3.3, S. 47.
[96] Vgl. Mitchell (1999), S. 178f. In Anlehnung an Asche, der eine ähnliche Untersuchung mit Blick auf das Produktmerkmal Sicherheit durchführt, wird hier eine additive Verknüpfung der Schadensschwere und -häufigkeit vorgenommen. Vgl. Asche (1990), S. 77ff.
[97] Vgl. Bauer (1960); Stone/Winter (1985).
[98] Vgl. Mitchell (1999), S. 165.

nommen werden. Punkt A in Abbildung 20 verdeutlicht den Fall einer hohen Risikowahrnehmung trotz eines relativ geringen objektiven Risikos. Eine richtige Risikowahrnehmung kann nur erfolgen, wenn das Risiko in seiner tatsächlichen Höhe erfasst wird. Eine falsche Risikowahrnehmung liegt entsprechend vor, wenn eine positive oder negative Wahrnehmungsabweichung zum objektiven Risiko vorliegt. Abbildung 21 verdeutlicht den Fall richtiger Risikowahrnehmung. Wenn objektives Risiko und Risikowahrnehmung anhand identischer Dimensionen normiert werden, liegen alle Kombinationen des objektiven Risikos und seiner richtigen Wahrnehmung in diesem Fall auf einer 45°-Linie. Eine Risikounterschätzung liegt demzufolge vor, wenn ein Punkt oberhalb der Gerade erreicht wird, wohingegen Risikoüberschätzung durch einen Punkt unterhalb der Geraden angezeigt wird.

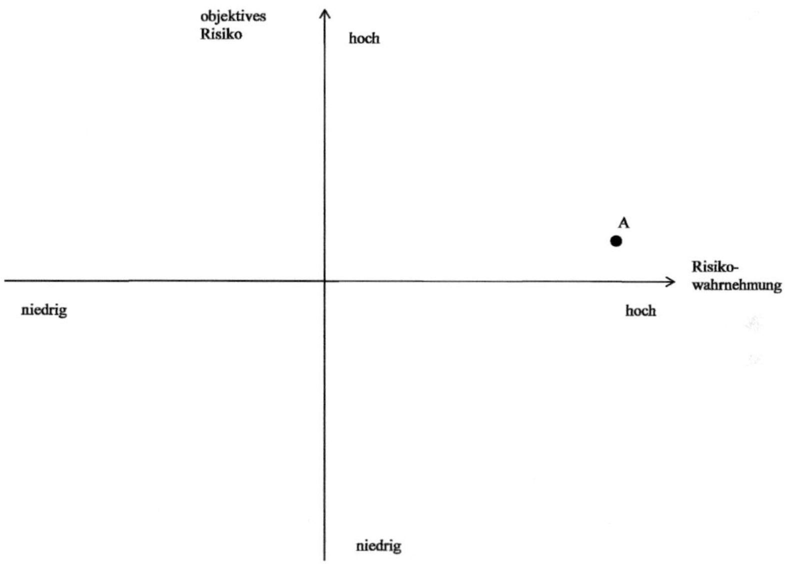

Abbildung 20: Objektives Risiko und Risikowahrnehmung
Quelle: in Anlehnung an Asche (1990), S. 39.

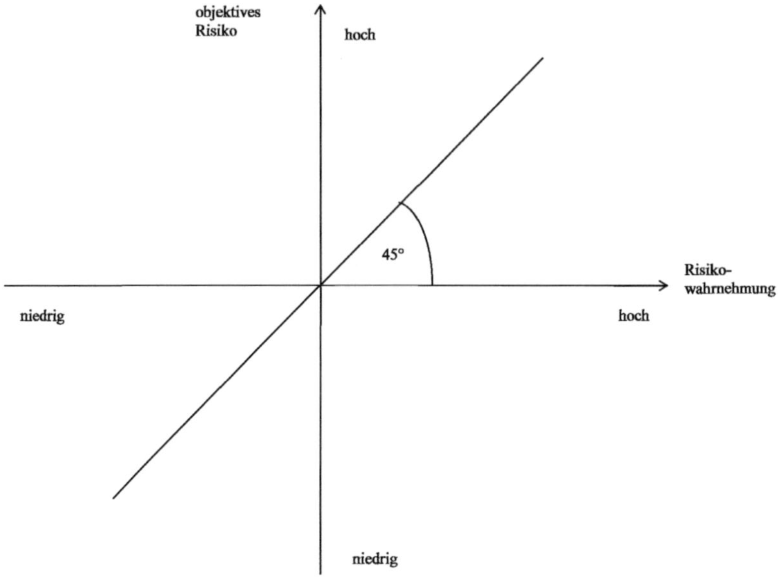

Abbildung 21: Risikounterschätzung und Risikoüberschätzung
Quelle: in Anlehnung an Asche (1990), S. 39.

Falsche Wahrnehmungen werden in der Literatur als Wahrnehmungsverzerrungen bezeichnet, wobei damit die Messbarkeit sowohl des objektiven Risikos als auch der Risikowahrnehmung unterstellt wird.[99]

Die Risikowahrnehmung als kognitive Komponente der Haltbarkeitspräferenz bestimmt ceteris paribus den in die Haltbarkeit zu investierenden Teil des Einkommens. Eine höhere Risikowahrnehmung bedeutet, dass ein Konsument vermehrt Risiken in Verbindung mit Handlungen vermutet als bei niedriger Risikowahrnehmung. Sein Nutzen aus der Investition in die Haltbarkeit ist damit höher, so dass ein Nutzenausgleich erst auf einem höheren Haltbarkeitsniveau stattfindet. Der Tangentialpunkt liegt damit weiter vom Ursprung entfernt als bei niedriger Risikowahrnehmung.[100]

---

[99] Vgl. z.B. Sjöberg (2000).
[100] Vgl. dazu Asche (1990), S. 38ff.

4.1.1a Die Wahrnehmung des finanziellen Risikos

Das finanzielle Risiko entsteht durch die Probleme der ex-ante Produktbeurteilung. Ein Käufer muss finanzielle Einbußen befürchten, wenn er nach dem Kauf feststellt, dass es preisgünstigere Alternativen gegeben hat, die ihm zum Zeitpunkt des Kaufes noch nicht bekannt gewesen sind. Die Einschätzung der Haltbarkeit eines Produktes birgt ebenfalls finanzielle Risiken, die ohne entsprechende Informationen schwer abgeschätzt werden können. Beurteilt ein Konsument die Haltbarkeit eines Produktes falsch, d.h. das Produkt wird vor Ablauf des erwarteten Zeitraums funktionsuntüchtig, entstehen ihm wiederum Kosten für eine Neuanschaffung.

Die Abschätzung dieses finanziellen Risikos erfordert jedoch Informationen, die nur schwer verfügbar sind, z.B. Informationen über zukünftige Güterpreise etc. Entstehen nach dem Kauf unvorhergesehene Nebenkosten in Form von z.B. Kosten für benötigtes Zubehör o.Ä., so muss der Käufer finanzielle Einbußen hinnehmen. Wenn sich das Produkt als ein Fehlkauf entpuppt, dann ist es für den Käufer wertlos. Neben dem Kaufpreis stellen die Transaktionskosten einen wesentlichen Teil des finanziellen Risikos dar. Transaktionskosten umfassen ex ante-Kosten, d.h. Kosten, die vor der Transaktion anfallen (z.B. Kosten für die Informationsbeschaffung). Nach dem Kauf fallen Transaktionskosten in Form von z.B. Transport- oder Montagekosten an. Konkreter versteht man unter Transaktionskosten Such-, Anbahnungs-, Informations- und Verhandlungskosten sowie Kosten für Abwicklung, Kontrolle, Anpassung und Beendigung einer Transaktion. Darüber hinaus fallen bei einem Schaden an dem Produkt eventuell Transaktionskosten in Form von Reparaturkosten an. Im weiteren Sinne zählen auch Wartungskosten zu den Transaktionskosten.

Die Höhe der Transaktionskosten wird zum einen bestimmt durch den Grad der Unsicherheit. Unsicherheit besteht hierbei bezüglich der Bedürfnisadäquanz des Produktes aufgrund unvollkommener Informationen des Konsumenten. Als zweiter Einflussfaktor auf die Höhe der Transaktionskosten wird in der Literatur die sog. „asset specifity" genannt. Darunter werden transaktionsspezifische irreversible Investitionen verstanden. So ist eine ungewöhnliche Maßanfertigung aus der Sicht eines Herstellers sehr spezifisch, während die Produktion vielseitig verwendbarer Standardprodukte ein geringes Maß an Spezifität aufweist. Auch aus Sicht des Konsumenten sind die Transaktionskosten bei Maßanfertigungen höher als beim Kauf eines

Standardproduktes.[101] Dieser Fall gilt aber nur für Produkte, für die eine Spezialanfertigung in Frage kommt, wie z.B. Bekleidung oder Möbel. Beim Kauf von Standardprodukten fallen jedoch ebenfalls transaktionsspezifische Kosten an. Die Such- und Informationskosten oder auch Lieferkosten, die beim Kauf einer Waschmaschine anfallen, können beim Kauf eines anderen haltbaren Gutes, wie z.B. eines Fahrrades, wegen ihrer Spezifität nicht eingespart werden.

In der Transaktionskostentheorie nach Williamson wird unterstellt, dass der Konsument bestrebt ist, Transaktionskosten zu minimieren.[102] Allerdings kann es vorkommen, dass Konsumenten bewusst höhere Transaktionskosten in Kauf nehmen. Das sehr erfolgreiche Phänomen IKEA ist mit den Vorstellungen der Transaktionskostentheorie nicht vereinbar. Die Konsumenten beteiligen sich an der Suche nach Produktzubehör, fahren unter Umständen weite Strecken und montieren die Möbel selbst. Individuell erkennen die Konsumenten augenscheinlich Transaktionsnutzen. Die Integration in den Produkterstellungsprozess (Transport und Aufbau der Möbel) erzeugt eventuell eine innere Zufriedenheit (Stolz, Würdigung durch das soziale Umfeld).[103] Nichtsdestotrotz kann davon ausgegangen werden, dass ein Konsument bestrebt ist, einen Fehlkauf zu vermeiden, durch den ja erneut Transaktionskosten anfallen würden. Unter Fehlkauf soll hier verstanden werden, dass das Produkt nicht den individuellen Qualitäts- und insbesondere den Haltbarkeitsanforderungen entspricht. Verliert ein haltbares Gut früher als erwartet seine Funktionstüchtigkeit, muss sich der Konsument um eine Neuanschaffung bemühen, bei der wieder Transaktionskosten entstehen.

Beim Kauf eines (haltbaren) Gutes entstehen für den Konsumenten in jedem Fall Transaktionskosten, die das finanzielle Risiko grundsätzlich erhöhen. Der umgekehrte Fall ist jedoch auch denkbar. Je höher die Unsicherheit, umso höher fallen die Transaktionskosten in Form von Such- und Informationskosten aus. Sind die beschafften Informationen zuverlässig, kann dies zu einer Reduktion des finanziellen Risikos führen. Unterstellt man, dass ein Gut mit einer hohen eingebauten Haltbarkeit teurer ist als ein weniger haltbares Gut, dann hängt die Entscheidung davon ab, ob der Konsument eher geneigt ist, ein einmaliges größeres finanzielles Risiko aufgrund des höheren Anschaffungspreises einzugehen, oder ob er es bevorzugt, das momentane finanzielle Risiko durch den Kauf des günstigeren Gutes zu vermindern,

101 Vgl. Rindfleisch/Heide (1997), S. 31; Liang/Huang (1998), S. 32.
102 Vgl. Williamson (1990).
103 Vgl. Bergmann (2003), S. 5.

wobei jedoch nach kürzerer Zeit erneut Transaktionskosten anfallen könnten. Dabei ist es möglich, dass durch den Verlust der Funktionstüchtigkeit des Gutes weitere Kosten entstehen. So kann z.B. bei einem Funktionsausfall einer Waschmaschine ein erheblicher Wasserschaden entstehen. Für die Wahrnehmung des finanziellen Risikos bei haltbaren Gütern spielt neben der Wahrnehmung des Risikos zum Kaufzeitpunkt somit auch die Intensität der Wahrnehmung zukünftiger finanzieller Schäden eine erhebliche Rolle.

4.1.1b Die Wahrnehmung des funktionalen Risikos

In enger Beziehung zum finanziellen Risiko steht das funktionale Risiko, das neben der Gefahr der mangelhaften Bedürfnisadäquanz auch die Gefahr einer Fehlfunktion eines Produktes beinhaltet. Bei einer Funktionsstörung fallen Kosten für eine Reparatur an oder es wird u.U. eine Neuanschaffung erforderlich (finanzielles Risiko).

Es stellt sich nun die Frage, wie diese Risikodimension wahrgenommen wird und welche Faktoren die Wahrnehmung beeinflussen. Nach Asche spielt die Wahrscheinlichkeit für den Eintritt eines Schadens (hier: z.B. Funktionsausfall eines Haushaltsgerätes) eine größere Rolle als die Schadensschwere (z.B. das Ausmaß/Schwere des Funktionsausfalls).[104] Die Einschätzung der Schadenswahrscheinlichkeit wird theoretisch mit Hilfe einer großen Zahl von Ansätzen erklärt. Es ist jedoch zu beobachten, dass Individuen ihre Urteile zur Schadenswahrscheinlichkeit im Normalfall intuitiv angeben, und dass diese Urteile dann oft die Regeln der Wahrscheinlichkeitstheorie verletzen. Aus der Beobachtung dieser Diskrepanzen entwickeln Tversky und Kahneman ein Forschungsprogramm über Heuristiken und Verzerrungen, das in seinem Kern besagt, dass Menschen intuitiv unter bestimmten Bedingungen mentale Heuristiken an Stelle der Algorithmen der Wahrscheinlichkeitstheorie anwenden. Diese Heuristiken führen aber nicht immer zu einer im Sinne von wahrscheinlichkeitstheoretischen Regeln richtigen Einschätzung. Eine dieser wichtigen „kognitiven Daumenregeln“ stellt die Verfügbarkeitsheuristik dar, durch die ausgedrückt wird, dass die subjektive Wahrscheinlichkeit für ein Ereignis als umso höher eingeschätzt wird, je leichter oder schneller man sich Beispiele für das Ereignis vorstellen oder in Erinnerung rufen kann. Die Anwendung der Verfügbarkeitsheuristik ist im Allgemeinen sehr effizient, aber sie kann unter bestimmten Bedingungen zu systematischen Fehlern führen. Zum einen wird das Wahrscheinlichkeitsurteil davon be-

[104] Vgl. Asche (1990), S. 42ff.

stimmt, wie lebhaft man sich ein Ereignis vorstellen kann oder wie groß die Zeitspanne zu einem selbst erlebten ähnlichen Ereignis ist. Zum anderen wird das Urteil durch die Präsenz eines Ereignisses beeinflusst, d.h. das Urteil ist davon bestimmt, wie häufig man von einem Ereignis gehört hat; dabei wird die relative Häufigkeit des Ereignisses vernachlässigt.[105] Neben dieser Argumentation für die vorrangige Stellung der Schadenswahrscheinlichkeit bezüglich der Risikowahrnehmung lässt sich deren Dominanz auch aus der Existenz so genannter Wahrnehmungs- oder Fühlbarkeitsschwellen ableiten. Für die Risikowahrnehmung bedeutet dies, dass die Wahrscheinlichkeit eines Schadens zunächst einen Grenzwert überschreiten muss, bevor eine Person einen möglichen Schaden wahrnimmt und in das Handlungskalkül einbezieht.[106]

Zusammenfassend lässt sich somit festhalten, dass die Risikowahrnehmung umso stärker ist, je schwerer bzw. wahrscheinlicher ein Schaden beurteilt wird. Individuen mit einer ausgeprägten Risikowahrnehmung müssten eine entsprechend hohe Haltbarkeitspräferenz aufweisen. Demzufolge liegt die Vermutung nahe, dass Personen mit einer starken Risikowahrnehmung in einer Situation, in der eine Entscheidung zwischen einem offensiv und einem defensiv haltbaren Produkt fällig ist, eher das offensive Produkt wählen. Daraus ergibt sich folgende Hypothese:

Hypothese 1: Je stärker die Risikowahrnehmung ist, umso eher wird das offensiv haltbare Produkt gewählt. Oder anders formuliert: Konsumenten, die das offensiv haltbare Gut wählen, weisen eine stärker ausgeprägte Risikowahrnehmung auf als jene, die sich für das defensiv haltbare Produkt entscheiden.

4.1.2 Das Streben nach Haltbarkeit als affektive Komponente der Haltbarkeitspräferenz

Neben den wahrgenommenen Transaktionskosten stellt das Streben nach Haltbarkeit die zweite Komponente der Haltbarkeitspräferenz dar. Wenn sich feststellen lässt, dass sich das Verhalten einer Person unter der Annahme einer ähnlichen Wahrnehmung der Transaktionskosten bzw. einer ähnlichen Risikowahrnehmung von dem einer anderen Person unterscheidet, so könnte dies auf ein unterschiedliches Streben nach Haltbarkeit zurückgeführt werden.

---

[105] Vgl. Tversky/Kahneman (1974).
[106] Vgl. Asche (1990), S. 43.

Im Gegensatz zur situationsspezifischen Risikowahrnehmung kann das Streben nach Haltbarkeit als ein Persönlichkeitsmerkmal interpretiert werden, welches das generelle Verhalten steuert. Entsprechend der Risikowahrnehmung kennzeichnet auch das Streben nach Haltbarkeit einen Zustand. Es unterliegt einer Entwicklung, wird aber in einer Entscheidungssituation als invariant betrachtet. Das Streben nach Haltbarkeit oder, allgemeiner formuliert, das Streben nach Qualität kann mit Hilfe des Wert-Konzepts erklärt werden und stellt eine zielgerichtete Handlungskomponente dar. Zur theoretischen Konzeption von Werten oder Werthaltungen existiert eine Vielzahl von Definitionen und Operationalisierungen. Es herrscht jedoch Übereinstimmung darüber, dass Werte zentrale und damit stabile, verhaltenssteuernde Konstrukte sind, die breite Verhaltensbereiche von Individuen beeinflussen. Kluckhohn definiert Werte als explizite oder implizite für ein Individuum oder eine Gruppe charakteristische Konzeption des Wünschenswerten, welche die Auswahl unter verfügbaren Handlungsarten, -mitteln und Zielen beeinflusst.[107] Eine in der Konsumverhaltensforschung beachtete Konzeption ist von Rokeach entwickelt worden, der zwischen Ziel- und Instrumentalwerten unterscheidet. Der Terminus Wert bezieht sich auf eine dauerhafte Vorstellung, die eine bestimmte Verhaltensform (Instrumentalwert) oder einen Lebenszustand (Ziel-Wert) persönlich oder sozial gegenteiligen oder umgekehrten Verhaltensformen oder Lebenszuständen vorzieht.

Um Werte von Einstellungen abzugrenzen, präzisiert Rokeach seine Auffassung von Werthaltungen. Im Gegensatz zu Einstellungen sind Werte die fundamentalere Komponente der Persönlichkeit, sie sind Determinanten sowohl für Einstellungen als auch für Verhalten. Werte haben präskriptiven Charakter, sie sind hierarchisch geordnet nach Zentralität und relativer Bedeutung, sie stellen Standards zur Konfliktlösung und zum Handeln dar und haben eine motivationale Funktion.[108] Howard modelliert die Beziehungen zwischen Werten, Einstellungen und Markenwahl. Ausgehend von Rokeachs Paradigma postuliert Howard, dass die globalen Zielwerte die Wahl zwischen größeren Produktklassen steuern, während die Instrumentalwerte zur Entscheidungsfindung zwischen speziellen Produkten oder zur Markenwahl dienen. Als Bindeglied zwischen Einstellungen und Werten führt Howard das Konzept der Wahlkriterien ein, deren Quelle die Werte sind. Die Wahlkriterien bilden eine Referenzskala, die der Konsument benutzt, um anhand seiner Vorstellungen über die Eigenschaften eines

---

[107] Vgl. Kluckhohn (1951).
[108] Vgl. Rokeach (1973).

Produktes oder einer Produktklasse eine Evaluation durchzuführen, d.h. eine Einstellung zu bilden.[109]

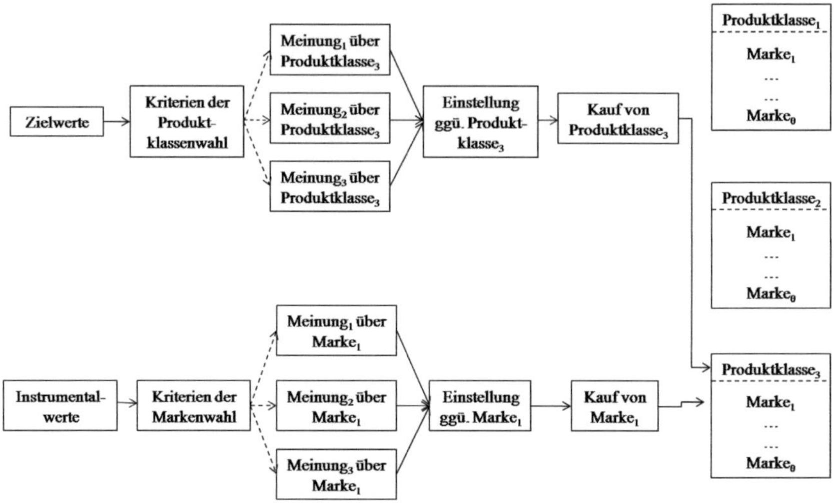

Abbildung 22: Das Wert-Einstellungssystem nach Howard
Quelle: Howard (1977), S. 98.

Basierend auf der Arbeit zur Werteforschung von Rokeach entwickelt Kahle die so genannte List of Values, die insgesamt neun Werte umfasst (Selbstachtung – „self respect", Sicherheit – „security", gute Beziehungen zu anderen – „warm relationships with others", Gefühl, etwas erreicht zu haben – „sense of accomplishment", Selbstverwirklichung – „self fulfillment", Zugehörigkeit – „sense of belonging", respektiert sein – „being well respected", Freude und Spaß im Leben – „enjoyment in life" und Erlebnisorientierung – „excitement").[110]

Empirische Untersuchungen zu der Beziehung zwischen Werten und Konsumentenverhalten legen dar, dass unterschiedliche Wertorientierungen zu unterschiedlichem Verhalten von Konsumenten führen. So zeigt Kahle, dass das Streben nach Qualität besonders stark bei Personen ausgeprägt ist, die einem der Zielwerte „Sicherheit", „soziale Anerkennung" oder

[109] Vgl. Howard (1977), S. 96ff.
[110] Vgl. Kahle (1983), S. 280.

„Selbsterfüllung" die größte Wichtigkeit beimessen.[111] Die persönlichen Zielwerte eines Menschen entwickeln sich zum einen aus soziokulturellen, ökonomischen und familiären Einflüssen und Lernprozessen, aber auch aus eigenen Erfahrungen.[112] Vinson et al. weisen den Einfluss kultureller Unterschiede auf Werthaltungen nach.[113] Zum anderen existieren Studien, welche die Beziehung zwischen Charaktereigenschaften einer Person und ihren Zielwerten untersuchen. Das übereinstimmende Ergebnis dieser Studien lautet, dass ein Zusammenhang zwischen Charaktereigenschaften und persönlichen Zielwerten nachgewiesen werden kann.

Aufbauend auf den zehn von Schwartz identifizierten Zielwerten und dem Fünf-Faktoren-Modell des menschlichen Charakters stellen Roccas et al. fest, dass extrovertierte Menschen dem Zielwert „Vergnügen/Genuss" die größte Wichtigkeit zuordnen. Menschen, die sich durch große Offenheit auszeichnen, sprechen dem Zielwert „Sicherheit" im Gegensatz zu verantwortungsbewussten Personen eine relativ kleine Bedeutung zu. Menschen, die sich durch die Charaktereigenschaften „Anteilnahme" sowie „Freundlichkeit" auszeichnen, identifizieren die Zielwerte „soziale Anerkennung" und „Selbstrespekt" als individuell wichtigste Werte.[114] Zusammenfassend lässt sich also festhalten, dass Personen, die einem der Zielwerte „Sicherheit", „soziale Anerkennung" oder „Selbsterfüllung" die größte Wichtigkeit beimessen, ein relativ stark ausgeprägtes Streben nach Qualität aufweisen. Diese Personen zeichnen sich vor allem durch die Charaktereigenschaften „Verantwortungsbewusstsein", „Anteilnahme" und „Freundlichkeit" aus.

Letztlich stellen Werte jedoch keine Emotion dar, die als Grundlage für eine affektive Präferenzkomponente herangezogen wird. Eine Argumentation wie die von Asche – die Emotionen Furcht und Angst als Basis der Sicherheitsmotivation – ist somit nicht möglich. Nichtsdestotrotz spielen Werte als Hintergrundvariablen für die Aktivierung von Motivationen eine erhebliche Rolle.[115] Um die Stärke des Strebens nach Haltbarkeit mithilfe von Werten zu bestimmen, wäre jedoch ein Persönlichkeitstest erforderlich. Aus diesem Grund soll das Streben nach Haltbarkeit als affektive Komponente der Haltbarkeitspräferenz insofern präzisiert werden, als dass es als Wichtigkeit, die dem Produktmerkmal Haltbarkeit beigemessen wird, aufgefasst wird. Dies ist gerechtfertigt, da nach Rosenberg die Einstellung einer Person gege-

[111] Vgl. Kahle (1996), S. 139f.
[112] Vgl. Vinson et al. (1977), S. 46.
[113] Ebd., S. 48.
[114] Vgl. Schwartz (1992); Roccas et al. (2002), S. 795.
[115] Vgl. Silberer (1995).

nüber einem Objekt von der Wichtigkeit einzelner Eigenschaften sowie der Beurteilung des Objektes hinsichtlich dieser Eigenschaften abhängt.[116] Demnach kann analog zur Hypo-these 1 die folgende Hypothese 2 abgeleitet werden:

Hypothese 2: Je wichtiger eine Person das Merkmal Haltbarkeit eines Produktes ansieht, umso eher wird sie das offensiv haltbare Produkt wählen bzw. Konsumenten, die sich für das offensiv haltbare Produkt entscheiden, messen dem Produktmerkmal Haltbarkeit eine größere Bedeutung zu als diejenigen, die das defensiv haltbare Produkt wählen.

Die bisherigen Überlegungen beruhen auf dem Grundgedanken, dass eine starke Haltbarkeitspräferenz die Wahl eines Offensivproduktes, das sich durch eine hohe eingebaute Haltbarkeit auszeichnet, bewirkt. Über den Erwerb eingebauter Haltbarkeit hinaus haben die Konsumenten jedoch auch die Möglichkeit, die Haltbarkeit eines Gutes durch besonders sorgfältige Verwendung zu erhöhen. Demzufolge muss bei der Analyse der Produktwahl auch das Verwendungsverhalten der Konsumenten berücksichtigt werden.

4.2 Der Einfluss der Verwendungssorgfalt auf die Produktwahl und die Gesamthaltbarkeit

Swan betrachtet in seinem Modell Güter mit konstanter Leistungsabgabe, wie z.B. Glühbirnen oder Batterien, die nach Ablauf ihrer Haltbarkeit auf einen Schlag ihre Leistungsfähigkeit verlieren.[117] Bei diesen Gütern ist die Beeinflussung der Haltbarkeit durch den Konsumenten bspw. durch besonders hohe Sorgfalt ausgeschlossen.

Die Einführung eines Gutes mit abnehmender Leistungsfähigkeit, die durch Unterhaltungsausgaben beeinflusst werden kann, bedeutet, dass im Falle einer Verkaufspolitik des Gutes den Nachfragern ein Entscheidungsspielraum über die tatsächliche Abnutzungsrate des Gutes entsteht. Hier liegt der zentrale Unterschied zu dem Modell von Swan. Die Konsumenten können anhand der Höhe der Wartungsausgaben oder allgemeiner formuliert durch ihr Verwendungsverhalten die Nutzungsdauer eines Gebrauchsgutes beeinflussen. Die Nutzungsdauer eines Gebrauchsgutes wird demnach nur zum Teil durch die Haltbarkeit des gekauften

[116] Vgl. Rosenberg (1956).
[117] Vgl. Abschnitt 2.2.1, S. 20f.

Produkts bestimmt. Daneben stellt die Verwendungssorgfalt die Komponente der Nutzungsdauer dar, welche die Nutzungsdauer zum Zeitpunkt der Verwendung beeinflusst. Unter Verwendungssorgfalt sollen Verhaltensweisen verstanden werden, die der Verlängerung der Nutzungsdauer dienen. Wie die Abbildung 23 zeigt, kann die Verwendungssorgfalt verschiedene Komponenten betreffen. Eine Komponente wird durch die Orientierung am Gebrauchszweck eines Produktes dargestellt, d.h. der Einsatz des Produktes nur für solche Zwecke, für die es konstruiert ist. Wird diese Gebrauchseinschränkung nicht beachtet, kann es zu einem verfrühten Ausfall eines Produktes kommen.

Komponenten der Verwendungssorgfalt

Orientierung am Gebrauchszweck	Verwendungs-intensität	Wartungs- und Pflegeverhalten	Reparatur-verhalten

Abbildung 23: Komponenten der Verwendungssorgfalt
Quelle: in Anlehnung an Asche (1990)

Es wird also angenommen, dass sich die realisierte Haltbarkeit aus der eingebauten Haltbarkeit und der Verwendungssorgfalt ergibt. Der Grundgedanke hinter dieser Überlegung ist der, dass für die Konsumenten eine optimale Gesamtqualität existiert, die aus der Kombination von eingebauter Qualität und Verwendungssorgfalt erreicht werden kann. Die eingebaute Qualität wäre aus Nachfragersicht dann irrelevant, wenn jedes beliebige Niveau dieser Qualität durch entsprechende Verwendungssorgfalt in die individuell optimale Gesamtqualität umgewandelt werden kann und die Verwendungssorgfalt nicht teurer ist, als wenn der Anbieter diese Gesamtqualität von vornherein einbaut. Die Sorgfalt bei der Verwendung umfasst dabei Transaktionskosten im weitesten Sinne, den späteren Kauf von Zubehör oder Extras sowie ein qualitätsförderndes Verwendungsverhalten.

Die Variablen eingebaute Produkthaltbarkeit und Verwendungssorgfalt können als Determinanten des Haltbarkeitsverhaltens bezeichnet werden, wobei unter Haltbarkeitsverhalten das Verhalten verstanden wird, dass der Erreichung bestimmter Haltbarkeitsniveaus dient. Wenn ein Konsument zusätzliche Haltbarkeit wünscht, kann er dies durch höhere Einsatzmengen von eingebauter Produkthaltbarkeit oder Verwendungssorgfalt erzielen, was regelmäßig mit höheren Kosten verbunden ist. Die Erreichbarkeit von Haltbarkeitsniveaus unterliegt dabei einer Restriktion durch das verfügbare Einkommen, zu dem die in Geldeinheiten verfügbare

Zeit, Konzentration usw. zu zählen sind. Ein Konsument kann jedoch nicht sein gesamtes Einkommen in Haltbarkeit investieren, da er daneben noch weitere Bedürfnisse hat, die sein Einkommen beanspruchen. Diese Bedürfnisse können zum einen produktspezifisch sein, d.h. neben der Haltbarkeit soll das Produkt auch Leistungs-, Prestigebedürfnisse u.Ä. befriedigen. Zum anderen können sich die Bedürfnisse auch auf andere Produkte und Tätigkeiten beziehen.[118] Im Folgenden soll nur die Wahl eines Produktes anhand seiner Eigenschaften betrachtet werden, d.h. die Konkurrenzsituation zu anderen Produkten und Tätigkeiten bleibt ausgeklammert.[119] Es wird unterstellt, dass ein Gut aus nur zwei Eigenschaften – einer Leistungseigenschaft und einer Haltbarkeitseigenschaft – besteht. Die eingebaute Produkthaltbarkeit stellt dabei die Haltbarkeitseigenschaft dar. Das Haltbarkeitsniveau im Konsumprozess wird durch die Haltbarkeitseigenschaft und die Verwendungssorgfalt erreicht. Nun stellt sich die Frage, wie sich unterschiedliche Haltbarkeitsniveaus aus dem Einsatz von eingebauter Produkthaltbarkeit und Verwendungssorgfalt ergeben. Im Anschluss an die Beantwortung dieser Frage ist die Entscheidung des Konsumenten für eine konkrete Kombination aus eingebauter Produkthaltbarkeit und Verwendungssorgfalt zu untersuchen.

Die Gesamthaltbarkeit wird also durch die Wahl der eingebauten Produkthaltbarkeit und Verwendungssorgfalt gesteuert. Eine Kombination einer bestimmten eingebauten Produkthaltbarkeit und Verwendungssorgfalt führt zu einem bestimmten Haltbarkeitsniveau, das als ganz bestimmte Kombination von Schadensschwere und -häufigkeit verstanden werden kann. Unter Schadenshöhe wird dabei das Ausmaß der Funktionsstörung verstanden. Bezogen auf das Beispiel einer Waschmaschine unterscheidet sich annahmegemäß die Schadensschwere bei einem Riss in der Gummimanschette der Waschmaschine von der Schadenshöhe eines Defektes der Elektronik. Eine andere Kombination der eingebauten Haltbarkeit und der Verwendungssorgfalt kann sich auf die Schadensschwere als auch -häufigkeit auswirken. So lassen sich durch die Variation von eingebauter Produkthaltbarkeit und Verwendungssorgfalt beliebige Kombinationen von Schadensschwere und -wahrscheinlichkeiten erzeugen. Diese werden vom Konsumenten im Hinblick auf ihr Haltbarkeitsniveau untersucht.

[118] Vgl. Bayus/Rao (1989), S. 72.
[119] Vgl. Lancaster (1971), S. 7.

Formal könnte das Haltbarkeitsniveau folgendermaßen dargestellt werden:

$$(13) \quad HN_i = SS_i \times SW_i$$

HN_i = Haltbarkeitsniveau bei einer bestimmten Kombination i von eingebauter Produkthaltbarkeit und Verwendungssorgfalt

SS_i = Schadensschwere, die bei einer Kombination i der eingebauten Haltbarkeit und Verwendungssorgfalt eintreten kann

SW_i = Schadenswahrscheinlichkeit, die bei einer Kombination i der Eingebauten Haltbarkeit und Verwendungssorgfalt eintreten kann

Eingebaute Haltbarkeit und Verwendungssorgfalt sind so als zwei Produktionsfaktoren aufzufassen, die ein bestimmtes Haltbarkeitsniveau produzieren (Vgl. Abbildung 24).

Es wird die in mikroökonomischen Analysen übliche Annahme getroffen, dass eine konstante Zunahme eines Produktionsfaktors ceteris paribus zu einem immer geringeren Zuwachs der tatsächlichen Haltbarkeit führt. Eingebaute Haltbarkeit und Verwendungssorgfalt stellen so zwei substitutionale Produktionsfaktoren dar.[120]

[120] Eine detaillierte Darstellung der mikroökonomischen Zusammenhänge, die im Folgenden erläutert werden, ist z.B. bei Varian (2007) zu finden.

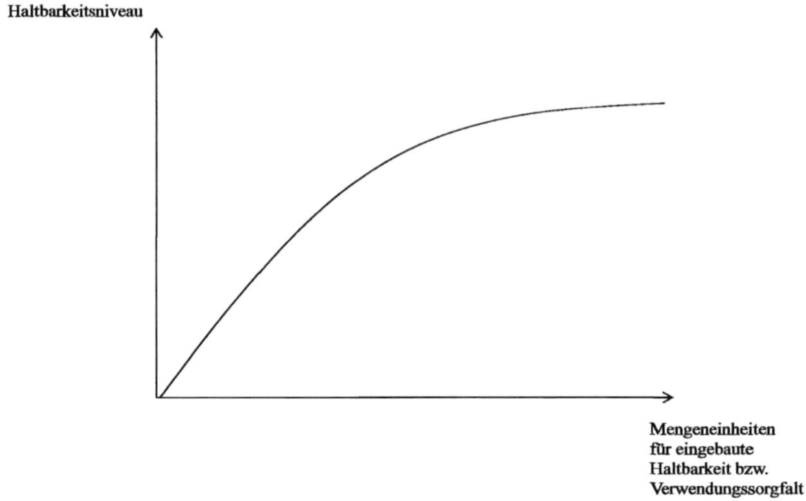

Abbildung 24: Die Produktion von Haltbarkeit durch eingebaute Produkthaltbarkeit bzw. Verwendungssorgfalt
Quelle: in Anlehnung an Asche (1990), S. 29.

Unter der Annahme von Subsitutionalität von eingebauter Haltbarkeit und Verwendungssorgfalt lassen sich durch Kombinationen der beiden Faktoren Linien gleicher tatsächlicher Haltbarkeit finden. Diese Kurven sind aufgrund der sinkenden Grenzproduktivitäten der Einsatzfaktoren konvex (Vgl. Abbildung 25). Es gilt die Funktion

(14) HN = f(eingebaute Haltbarkeit, Verwendungssorgfalt),

wobei f(eingebaute Haltbarkeit, Verwendungssorgfalt) stetig ist, stetige erste und zweite Ableitungen aufweist und eine streng quasi-konvexe Funktion ist.[121]

[121] Vgl. Henderson/Quandt (1983), S. 7.

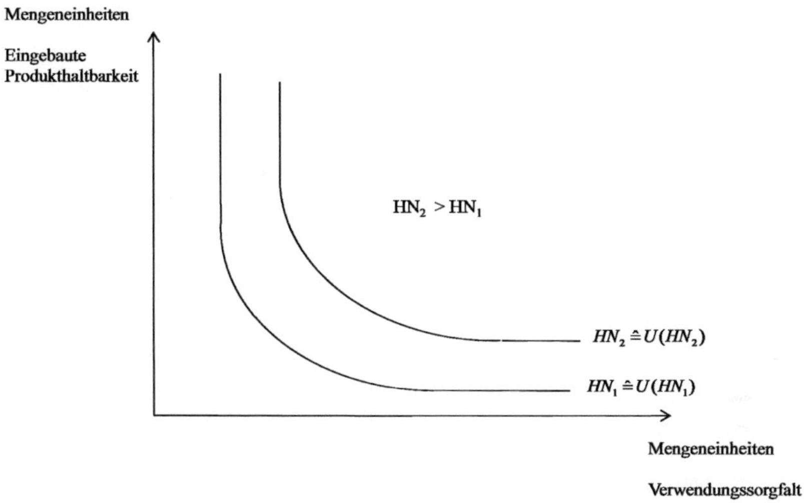

Abbildung 25: Die Haltbarkeit als Ergebnis der Kombination von eingebauter Produkthaltbarkeit und Verwendungssorgfalt
Quelle: in Anlehnung an Asche (1990), S. 30.

Die aus dem Einsatz von eingebauter Haltbarkeit und Verwendungssorgfalt hervorgehende tatsächliche Haltbarkeit stiftet dem Konsumenten einen Nutzen. Den Haltbarkeitsniveaus wird gemäß der individuellen Nutzenfunktion eines Konsumenten eine Nutzengröße zugeordnet. Gleiche Haltbarkeitsniveaus erhalten dabei gleiche Nutzenwerte. Eine höhere eingebaute Produkthaltbarkeit oder Verwendungssorgfalt führt bei Konstanz der anderen Variable zu einer höheren tatsächlichen Haltbarkeit.

Der aus diesem Haltbarkeitsniveau ermittelbare Gesamtnutzen lässt sich auf die Teilnutzen zurückführen, die durch die Höhe der eingebauten Haltbarkeit und der Verwendungssorgfalt realisiert werden. Da ein Konsument entsprechend seinem nutzenmaximalen Verhalten einen bestimmten Betrag in die eingebaute Produkthaltbarkeit, die Verwendungssorgfalt und die Leistung investiert, erhält er dadurch bestimmte Mengeneinheiten der Produkteigenschaften und der Verwendungssorgfalt. Aufgrund der durch das Budget genau festgelegten Mengeneinheiten für die eingebaute Produkthaltbarkeit und für die Verwendungssorgfalt wird nun ein ganz bestimmtes Haltbarkeitsniveau realisiert (vgl. Punkt A in Abbildung 26). Die Realisation dieses Haltbarkeitsniveaus folgt aus der Haltbarkeitspräferenz eines Konsumenten. Konsumenten mit einer starken Haltbarkeitspräferenz streben ein Haltbarkeitsniveau an, das möglichst weit von Ursprung entfernt ist. Wie oben bereits beschrieben sind weder, der Erwerb von eingebauter Produkthaltbarkeit noch der Einsatz von Verwendungssorgfalt kostenlos. Der Erwerb von eingebauter Haltbarkeit beansprucht die finanziellen Ressourcen eines Konsumenten. Der Preis der eingebauten Haltbarkeit ergibt sich direkt aus dem Preis für die einzelnen Gütereigenschaften in ihren entsprechenden Ausprägungen. Der Preis der Verwendungssorgfalt hingegen kann durch die in sie investierten Aufwendungen für Zeit und Konzentration erfasst werden. Zeit und Konzentration werden z.B. bei der Produktpflege benötigt. Diese Aufwendungen stehen dann nicht mehr für andere Tätigkeiten zur Verfügung, so dass ihnen ein entsprechender Wert zugeordnet werden muss. Um eine optimale Entscheidung über seine Verwendungssorgfalt zu treffen, müsste ein Konsument eine Opportunitätskostenrechnung durchführen, in die seine Bewertungen alternativer Tätigkeiten eingehen sollten.

Die Konsumenten haben ein bestimmtes Haltbarkeitsbudget, das sie auf den Kauf von eingebauter Haltbarkeit und auf den Einsatz von Verwendungssorgfalt aufteilen. Die Preise für die eingebaute Produkthaltbarkeit und die Verwendungssorgfalt werden als p_b und p_{VS} bezeichnet. Wenn ein Konsument sein gesamtes Haltbarkeitsbudget HB für eingebaute Haltbarkeit verausgabt, erhält er $b^{max} = HB/p_b$ Einheiten an eingebauter Haltbarkeit. Analog gilt für den Fall, dass das gesamte Budget für den Einsatz von Verwendungssorgfalt ausgegeben wird: $VS^{max} = HB/p_{VS}$. In einem Güterdiagramm, an dessen Achsen die Gütermengen an eingebauter Haltbarkeit und Verwendungssorgfalt abgetragen werden, sind damit die Achsenabschnitte der Budgetgeraden festgelegt.

Das Preisverhältnis von eingebauter Haltbarkeit und Verwendungssorgfalt legt die Steigung der Budgetgeraden fest, die den Punkt A als Optimalkombination von eingebauter Haltbarkeit und Verwendungssorgfalt tangiert. Wenn sowohl für die eingebaute Haltbarkeit als auch die Verwendungssorgfalt konstante Preise vorliegen (Gerade h in Abbildung 27), ergibt sich eine lineare Budgetgerade (Gerade h in Abbildung 26). Steigt der Preis der Mengeneinheiten für eingebaute Haltbarkeit oder Verwendungssorgfalt mit zunehmender Haltbarkeit, z.B. aufgrund teurer Materialien oder anderer Konstruktionen usw., dann ergibt sich die konvexe Budgetkurve j in Abbildung 26. Grundsätzlich sind beide Fälle denkbar. Im Folgenden soll jedoch der Einfachheit halber von einer linearen Budgetgerade ausgegangen werden. Die Untersuchungen lassen sich analog für den Fall einer konvex verlaufenden Budgetgerade durchführen, ohne dass sich die Aussagen ändern.[122] Die Bestimmung der Optimalkombination von eingebauter Haltbarkeit und Verwendungssorgfalt lässt sich auch formal herleiten. Für eine optimale Kombination von Haltbarkeit und Verwendungssorgfalt muss das folgende Optimierungsproblem gelöst werden:

$$(15) \quad \max HN = f(b, VS)$$

unter der Nebenbedingung: $HB = p_b * b + p_{VS} * VS$.

Die Lösung dieses Problems kann mit Hilfe der Lagrange-Funktion

$$(16) \quad L = f(b, VS) + \lambda\,(HB - p_b * b - p_{VS} * VS)$$

ermittelt werden. Aus Nullsetzen der partiellen Ableitungen der Variablen b, VS und λ ergibt sich die Lösung:

$$(17) \quad \frac{f_b}{p_b} = \frac{f_{VS}}{p_{VS}} = \lambda.$$

Das maximal für einen Konsumenten erreichbare Haltbarkeitsniveau wird realisiert, wenn der Grenznutzen des Geldes sowohl beim Kauf einer zusätzlichen Einheit eingebauter Produkthaltbarkeit als auch bei einer marginalen Erhöhung seiner Verwendungssorgfalt gleich groß ist.

[122] Vgl. Asche (1990), S. 27ff.

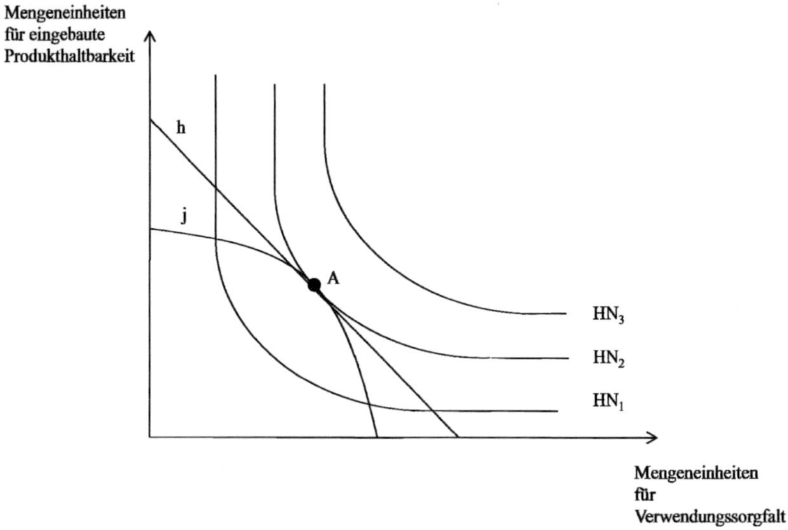

Abbildung 26: Die Bestimmung der Optimalkombinationen von eingebauter Produkthaltbarkeit und Verwendungssorgfalt
Quelle: in Anlehnung an Asche (1990), S. 32.

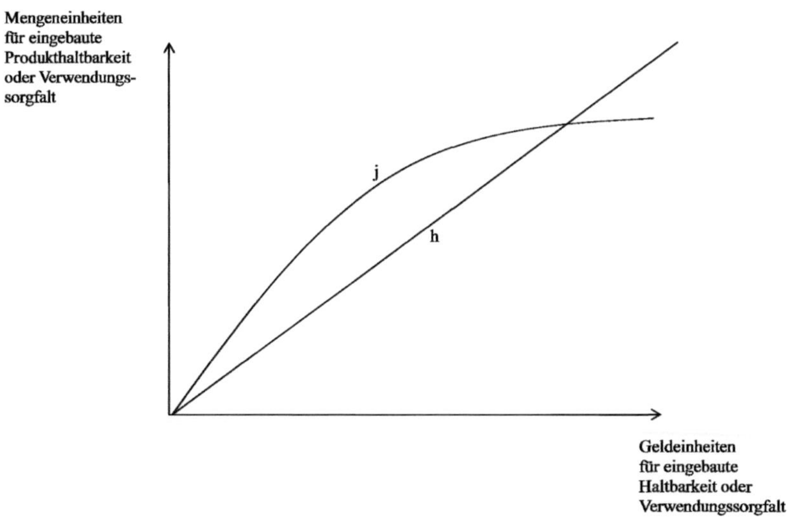

Abbildung 27: Mögliche Kostenverläufe für eingebaute Produkthaltbarkeit und Verwendungssorgfalt
Quelle: in Anlehnung an Asche (1990), S. 32.

Der Erwerb von eingebauter Produkthaltbarkeit und der Einsatz von Verwendungssorgfalt werden somit primär durch das Preisverhältnis zwischen diesen beiden Variablen und dem Haltbarkeitsbudget bestimmt. Im Folgenden gilt es nun zu untersuchen, wie sich die Optimalpunktkombinationen ergeben, wenn sich das Preisverhältnis und/oder das Haltbarkeitsbudget ändern, womit eventuell der Übergang auf ein anderes Haltbarkeitsniveau verbunden ist. Das Ziel ist es dabei, Aussagen darüber zu treffen, inwieweit eine Änderung der eingebauten Produkthaltbarkeit zu einer Änderung der Verwendungssorgfalt führt. Dadurch sollen Aussagen darüber generiert werden, wie sich die Verwendungssorgfalt auf die Entscheidung zwischen einem sehr haltbaren und einem weniger haltbaren Gut auswirkt.

Die Beziehung zwischen eingebauter Produkthaltbarkeit und Verwendungssorgfalt spiegelt sich in der Steigung des Preisexpansionspfades wider. Der Preisexpansionspfad ist die Verbindungslinie der verschiedenen Optimalpunkte, die sich bei einer Änderung des Preisverhältnisses zwischen eingebauter Haltbarkeit und Verwendungssorgfalt ergeben. Die Abbildung 28a (28b) drückt einen negativen (positiven) Zusammenhang zwischen eingebauter Haltbarkeit und Verwendungssorgfalt aus.

Die durch die Gerade in Abbildung 28a repräsentierten Optimalpunktkombinationen gelten bei einem substitutionalen Verhältnis zwischen eingebauter Haltbarkeit und Verwendungssorgfalt, während in Abbildung 28b Komplementarität unterstellt wird.

Substitutionalität bedeutet in diesem Fall, dass es verschiedene Personen gibt, die eine gleiche Nutzungsdauer über den unterschiedlichen Einsatz von eingebauter Produkthaltbarkeit und Verwendungssorgfalt erreichen. So könnte entsprechend der Abbildung 26 der Optimalpunkt A für eine Person im oberen Bereich der Kurve liegen, während eine andere Person eine Optimalkombination im unteren Bereich der Kurve realisiert. Im haushaltstheoretischen Sinn können die eingebaute Haltbarkeit und die Verwendungssorgfalt als Gütereigenschaften aufgefasst werden, deren Konsum dem Käufer einen Nutzen in Form einer Gesamthaltbarkeit verschafft. Unterschiedliche Haltbarkeitsniveaus werden somit durch die Variation des Preisverhältnisses von eingebauter Haltbarkeit und Verwendungssorgfalt oder durch eine Änderung des für Haltbarkeit zur Verfügung stehenden Budgets verwirklicht.

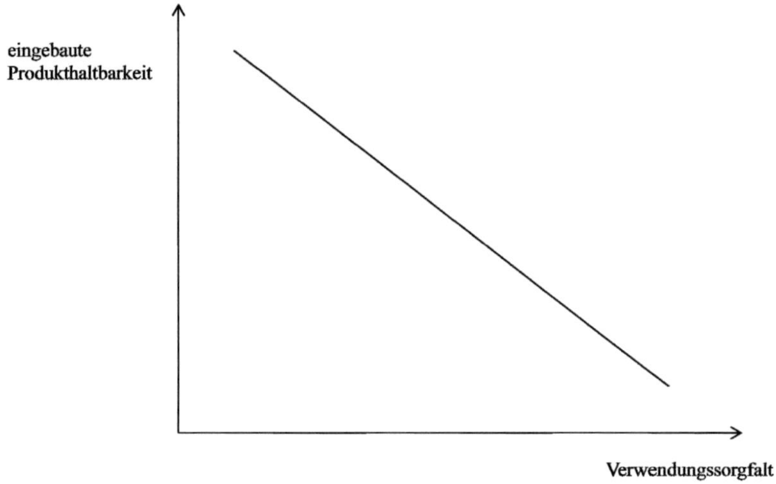

(a) Negativer Zusammenhang

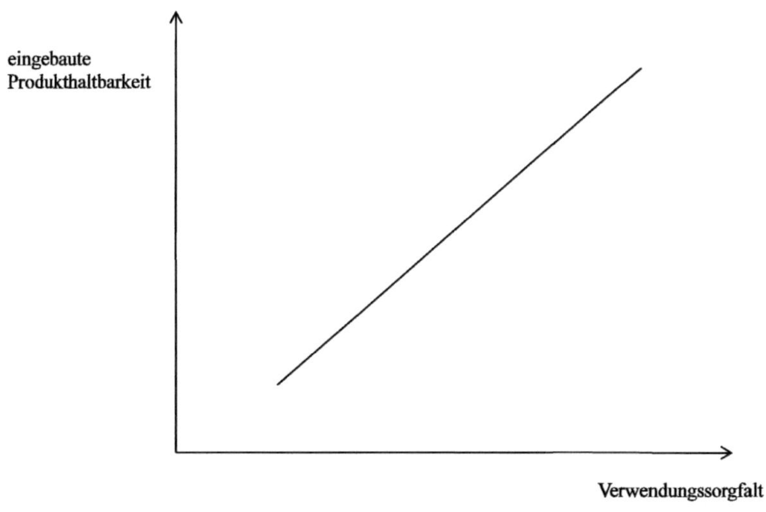

(b) Positiver Zusammenhang

Abbildung 28: Optimalpunktkombinationen bei Änderung des Preisverhältnisses zwischen der eingebauten Haltbarkeit und Verwendungssorgfalt
Quelle: in Anlehnung an Asche (1990), S. 55.

Im Folgenden wird insbesondere die Variation des Preisverhältnisses betrachtet, da sich so gehaltvolle Hypothesen zur Wahl eines offensiven bzw. defensiven Produktes ableiten lassen. Der Vollständigkeit halber wird auch eine Budgetänderung untersucht, die unmittelbar einen Übergang auf ein anderes Haltbarkeitsniveau bewirkt. Dadurch ändert sich jedoch nichts an den Abwägungen, ob und in welchem Ausmaß eingebaute Haltbarkeit und Verwendungssorgfalt substituiert werden. Das gleiche gilt für den Fall einer gleichzeitigen Variation des Preisverhältnisses und einer Budgetänderung. Deshalb wird auf eine eingehende Analyse der Kombination beider Effekte verzichtet.

Die Variation des Preisverhältnisses von eingebauter Produkthaltbarkeit und Verwendungssorgfalt bei Konstanz des Budgets ist durch eine Änderung der Steigung der Budgetgerade gekennzeichnet. Dies hat eine entsprechende Modifikation des Haltbarkeitsniveaus zur Folge, wenn zwischen der eingebauten Haltbarkeit und Verwendungssorgfalt eine substitionale Beziehung (wie üblicherweise angenommen) besteht. Ein unterschiedliches Preisverhältnis kann durch drei Ursachen bedingt sein: individuell unterschiedliche Wahrnehmungen des Preises für die eingebaute Haltbarkeit (vgl. Abbildungen 29a und 29b), die Verwendungssorgfalt (vgl. Abbildungen 30a und 30b) oder beides (vgl. Abbildungen 31a und 31b). Die Fälle werden im Einzelnen anhand der nachfolgenden Kapitel auf die Möglichkeit einer positiven oder negativen Beziehung überprüft. Zudem muss danach unterschieden werden, ob es sich um Indifferenzkurven für ein inferiores bzw. superiores Gut handelt.

4.2.1 Interpersonale Wahrnehmung des Preises für die eingebaute Haltbarkeit

Unterstellt man, dass verschiedene Konsumenten unter sonst gleichen Annahmen unterschiedliche Preise der eingebauten Haltbarkeit wahrnehmen, ergeben sich für diese Konsumenten Budgetgeraden mit ungleicher Steigung. Wird der Preis für die eingebaute Haltbarkeit individuell verschieden wahrgenommen, führt dies zu einer Drehung der Budgetgerade um den Punkt, den man bei einer vollständigen Investition in die Verwendungssorgfalt erhält (vgl. Punkt D in Abbildung 29a). Wenn der Preis für die eingebaute Haltbarkeit als hoch wahrgenommen wird, dann verringert sich die Steigung der Budgetgeraden und sie dreht sich zum Ursprung hin. Bei einem als gering wahrgenommenen Preis für die eingebaute Haltbarkeit nimmt die Steigung der Budgetgeraden zu und die Drehung erfolgt vom Ursprung weg. Die Darstellung mehrerer Optimalpunkte könnte alternativ auch für eine einzige Person gelten, die im Zeitablauf bei Konstanz der Kurven, gleichem Budget und gleichen Preisen für die Verwendungssorgfalt unterschiedliche Preise für die eingebaute Produkthaltbarkeit wahrnimmt. Variiert alleine der wahrgenommene Preis für die eingebaute Produkthaltbarkeit, so kann die Steigung des Preisexpansionspfades im Falle normaler Güter sowohl positiv als auch negativ sein, d.h. es sind sowohl positive als auch negative Beziehungen zwischen der eingebauten Haltbarkeit und der Verwendungssorgfalt möglich (vgl. Abbildung 29a). Im Fall einer Inferiorität der eingebauten Produkthaltbarkeit kann nicht durchgängig eine positive Beziehung unterstellt werden (vgl. Abbildung 29b). Ob sich eine positive oder negative Beziehung ergibt, ist vielmehr von dem Ausmaß der Inferiorität abhängig. Bei starker Inferiorität der eingebauten Haltbarkeit ergibt sich eine positive Beziehung. Je schwächer die Inferiorität jedoch wird, desto mehr nähert sich die Beziehung der Optimalpunkte derjenigen für normale Güter an. Im umgekehrten Fall der Superiorität der eingebauten Haltbarkeit ergibt sich eine negative Beziehung, da das stärker nachgefragte Gut in diesem Fall billiger wird.

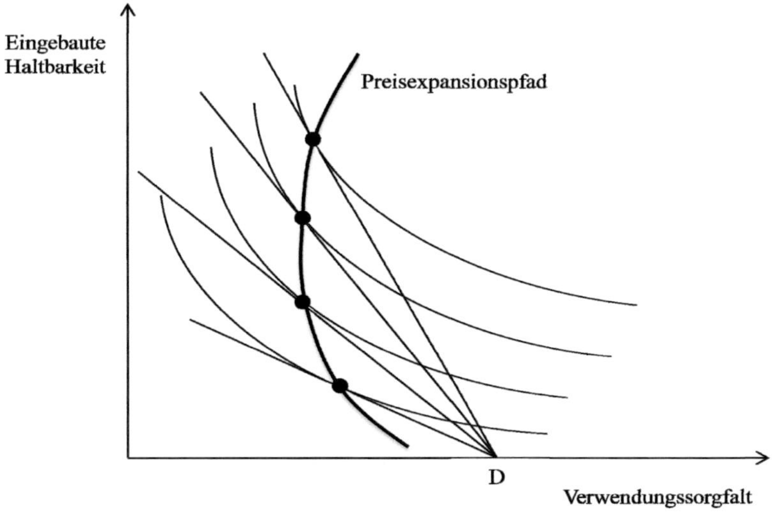

Abbildung 29a: Optimalpunktkombination (Preisexpansionspfad) von eingebauter Haltbarkeit und Verwendungssorgfalt bei einer Preisvariation für die eingebaute Haltbarkeit (normale Güter)
Quelle: in Anlehnung an Asche (1990), S. 57.

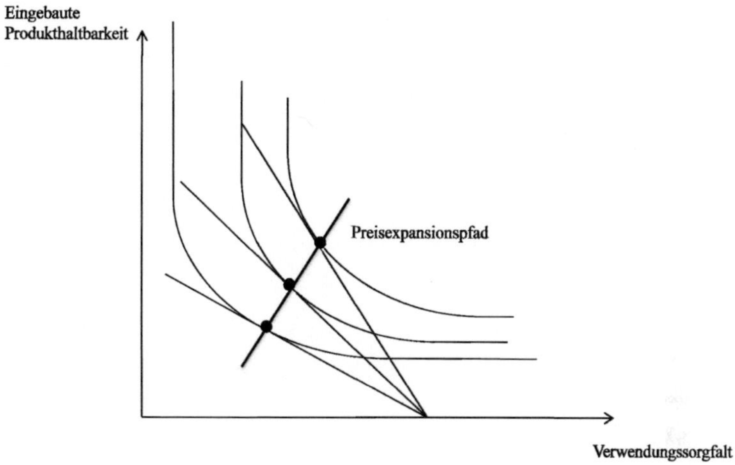

Abbildung 29b: Optimalpunktkombination (Preisexpansionspfad) von eingebauter Haltbarkeit und Verwendungssorgfalt bei einer Preisvariation für die eingebaute Haltbarkeit (inferiore Güter)
Quelle: in Anlehnung an Asche (1990), S. 57.

Bezieht man diese Überlegungen auf das Problem der Entscheidung zwischen einem Offensiv- und Defensivprodukt, lassen sich folgende Zusammenhänge ableiten: Bei Inferiorität der eingebauten Produkthaltbarkeit äußert sich eine starke Haltbarkeitspräferenz nicht in der Wahl eines Offensivproduktes, sondern durch erhöhten Einsatz von Verwendungssorgfalt. Umgekehrt gilt dann, dass die Wahl eines Offensivproduktes wahrscheinlicher wird, wenn die Verwendungssorgfalt als inferior angesehen wird. Der Nutzenbeitrag, den die Verwendungssorgfalt zur Erreichung eines Haltbarkeitsniveaus stiftet, wird dann als geringer angesehen. Dies könnte bei einer hohen Produktkomplexität der Fall sein. Diese Überlegung führt zu der folgenden Hypothese:

Hypothese 3: Bei einer hohen Produktkomplexität ist die Verwendungssorgfalt hochgradig inferior, weshalb sich Konsumenten in diesem Fall eher für das offensiv haltbare Produkt entscheiden.

4.2.2 Interpersonale Wahrnehmung des Preises für die Verwendungssorgfalt

Analog zu der Wahrnehmung des Preises der eingebauten Produkthaltbarkeit variiert auch der wahrgenommene Preis für die Verwendungssorgfalt und die Betrachtung kann entsprechend erfolgen (vgl. Abbildung 30a). Bei unterschiedlicher Wahrnehmung des Preises für die Verwendungssorgfalt ergibt sich eine Drehung der Budgetgeraden um den konstant gehaltenen Preis der eingebauten Haltbarkeit. Die Optimalpunkte können wiederum personen- oder gruppenspezifisch interpretiert werden.

Im Fall inferiorer Güter ist das Vorzeichen der Steigung des Preisexpansionspfades davon abhängig, welches Gut inferior bzw. superior ist. Falls die eingebaute Haltbarkeit das inferiore Gut ist, dann wird eine negative Beziehung beobachtet. Ist hingegen die Verwendungssorgfalt das inferiore Gut, kann abhängig von der Stärke der Inferiorität eine positive oder negative Beziehung vorliegen (vgl. Abbildung 30b).

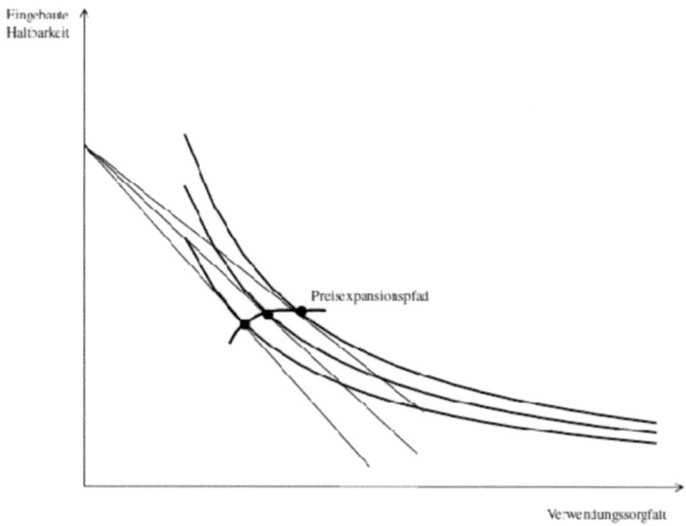

Abbildung 30a: Optimalpunktkombination (Preisexpansionspfad) von eingebauter Haltbarkeit und Verwendungssorgfalt bei einer Preisvariation für die Verwendungssorgfalt (normale Güter)
Quelle: in Anlehnung an Asche (1990), S. 58.

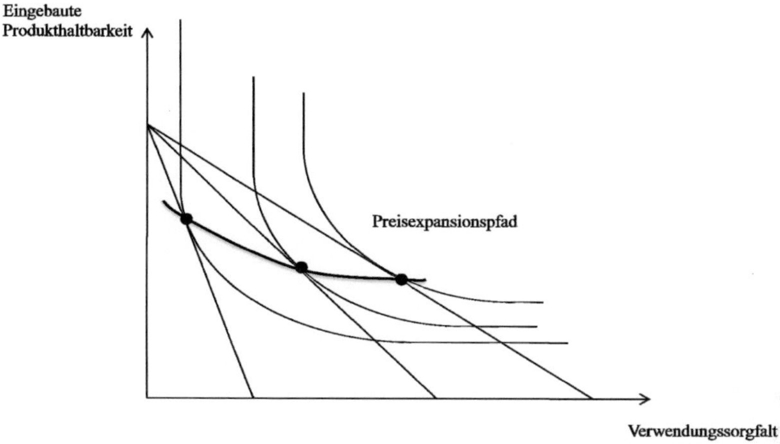

Abbildung 30b: Optimalpunktkombination (Preisexpansionspfad) von eingebauter Haltbarkeit und Verwendungssorgfalt bei einer Preisvariation für die Verwendungssorgfalt (inferiore Güter)
Quelle: in Anlehnung an Asche (1990), S. 58.

Es wird deutlich, dass der Einsatz von Verwendungssorgfalt von dem wahrgenommenen Preis für Verwendungssorgfalt abhängt. Je höher der wahrgenommene Preis für die Verwendungssorgfalt ist, umso mehr wird eingebaute Haltbarkeit nachgefragt. Für die Ableitung von Hypothesen zur konsumentenindividuellen Wahl eines offensiven oder defensiven Produktes ist es daher erforderlich zu untersuchen, wann der Preis der Verwendungssorgfalt als hoch bzw. niedrig wahrgenommen wird. Wie bereits beschrieben, kann der Preis der Verwendungssorgfalt durch die in sie investierten Aufwendungen für Zeit und Konzentration erfasst werden. Diese Aufwendungen stellen Opportunitätskosten dar, da sie nicht mehr für andere Tätigkeiten zur Verfügung stehen. Konsumenten mit einem hohen Einkommen weisen höhere Opportunitätskosten für die Verwendungssorgfalt auf, da die für die Verwendungssorgfalt aufzuwendende Zeit auch in die entsprechend entlohnte Tätigkeit „Arbeit" investiert werden könnte.

Daraus folgt:

Hypothese 4: Konsumenten mit hohem Einkommen zeichnen sich durch einen hohen wahrgenommenen Preis der Verwendungssorgfalt und einen entsprechend geringeren Einsatz von Verwendungssorgfalt aus.

Aufgrund der angenommenen subsitutionalen Beziehung zwischen Verwendungssorgfalt und eingebauter Produkthaltbarkeit kann Hypothese 5 formuliert werden:

Hypothese 5: Konsumenten mit einem hohen Einkommen entscheiden sich eher für das offensiv haltbare Produkt bzw. Personen, die das offensiv haltbare Produkt wählen, verfügen über ein vergleichsweise hohes Einkommen.

Hypothese 4 impliziert, dass sich Käufer des offensiv haltbaren Produktes im Vergleich zu den Käufern des defensiv haltbaren Gutes durch eine geringere Verwendungssorgfalt auszeichnen. Es ist jedoch auch denkbar, dass das genaue Gegenteil der Fall ist. Nach Schmalensee geht mit Kauf eines teureren Produktes eine höhere Sorgfalt bei der Verwendung einher, da das Produkt aufgrund seines hohen Preises als wertvoll angesehen und entsprechend mehr Zeit und Geld in dessen Pflege und Wartung investiert wird.[123] Somit lässt sich eine Gegenhypothese aufstellen:

Hypothese 6: Individuen, die das offensiv haltbare Gut wählen, legen eine höhere Verwendungssorgfalt an den Tag.

4.2.3 Die Wahrnehmung der Preise für die eingebaute Haltbarkeit und die Verwendungssorgfalt

In den bisherigen Ausführungen ist unterstellt worden, dass der wahr-genommene Preis sich jeweils nur für einen Produktionsfaktor unterscheidet. Für den Preis des anderen Faktors ist Konstanz angenommen worden. Nun soll der Fall untersucht werden, in dem die Preise für eingebaute Haltbarkeit und Verwendungssorgfalt gleichzeitig individuell wahrgenommen werden. In diesem Fall müssen die Achsenabschnitte der Budgetgeraden neu bestimmt werden (vgl. dazu Abbildungen 31a und 31b). Aus den Abbildungen wird ersichtlich, dass sowohl bei normalen als auch bei inferioren Gütern nur eine negative Beziehung zwischen eingebauter Haltbarkeit und Verwendungssorgfalt möglich ist.

[123] Vgl. Schmalensee (1979), S. 186.

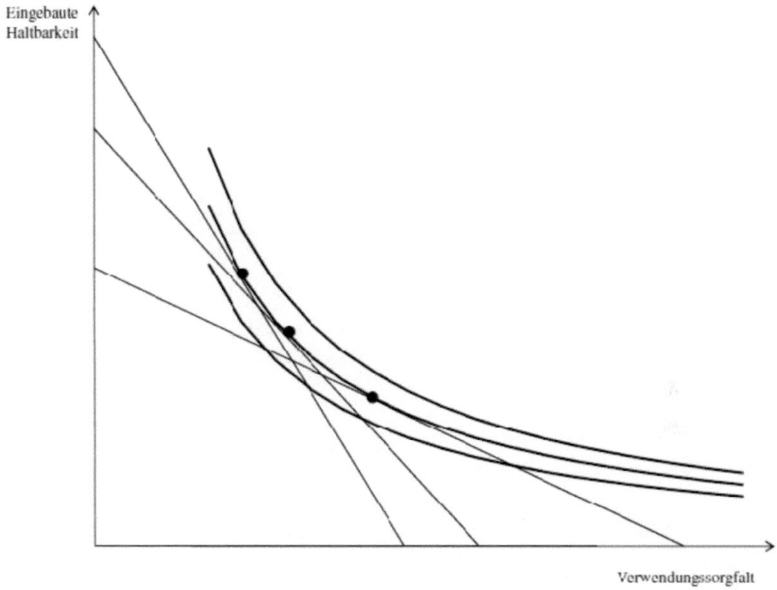

Abbildung 31a: Optimalpunktkombination von eingebauter Haltbarkeit und Verwendungssorgfalt bei einer Preisvariation für die eingebaute Haltbarkeit und die Verwendungssorgfalt (normale Güter)
Quelle: in Anlehnung an Asche (1990), S. 59.

Bei Konstanz des Budgets impliziert die negative Steigung des Preisexpansionspfades, dass eine höhere eingebaute Haltbarkeit zu weniger Verwendungssorgfalt führt und umgekehrt. Dies erscheint insofern plausibel, als dass das teurere Gut durch das billigere ersetzt wird. Aufgrund dieser Ausführungen wäre die Ableitung der Hypothese, dass eher das defensive (offensive) Produkt gewählt wird, je höher der wahrgenommene Preis der eingebauten Produkthaltbarkeit (Verwendungssorgfalt) bei Konstanz des Haltbarkeitsbudgets ist, naheliegend. Diese Hypothese stellt den allgemeinen mikroökonomischen Zusammenhang zwischen zwei Produktionsfaktoren dar. Ob und in welchem Ausmaß die eingebaute Haltbarkeit und die Verwendungssorgfalt substituiert werden ist jedoch bereits ebenso wie der Einfluss dieser Abwägungen auf die Entscheidung zwischen Offensiv- und Defensivprodukt Bestandteil der vorangegangenen Hypothesen. Daher kann auf die allgemeine Überprüfung verzichtet werden.

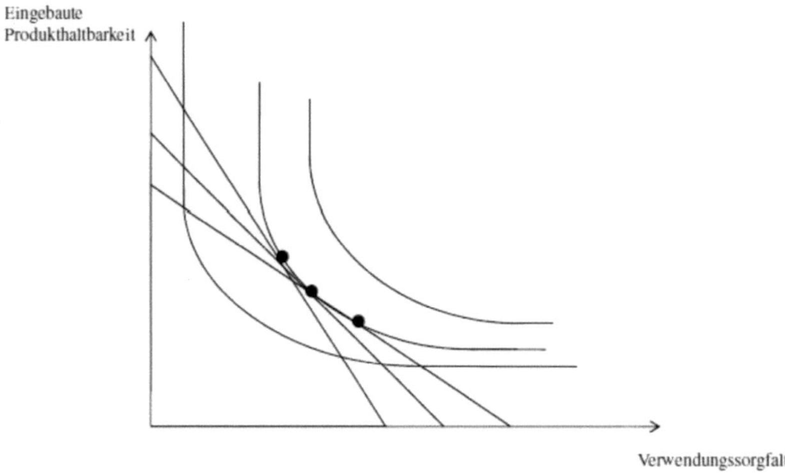

Abbildung 31b: Optimalpunktkombination von eingebauter Haltbarkeit und Verwendungssorgfalt bei einer Preisvariation für die eingebaute Haltbarkeit und die Verwendungssorgfalt (inferiore Güter)
Quelle: in Anlehnung an Asche (1990), S. 59.

4.2.4 Die Variation des Haltbarkeitsbudgets

Die Variation des Haltbarkeitsbudgets ist regelmäßig mit einer Änderung des Haltbarkeitsniveaus verbunden. Die Budgetgerade erfährt eine Parallelverschiebung, so dass ein höheres Budget ein höheres Haltbarkeitsniveau impliziert und umgekehrt. Bei alleiniger Änderung des Haltbarkeitsbudgets und Konstanz des Preisverhältnisses ist das Vorliegen einer positiven oder negativen Beziehung zwischen eingebauter Haltbarkeit und Verwendungssorgfalt davon abhängig, ob es sich um normale oder inferiore Güter handelt.

Bei normalen Gütern weisen die eingebaute Haltbarkeit und Verwendungssorgfalt einen positiven Zusammenhang auf. Im Fall homothetischer Indifferenz-kurven ergibt sich bei erhöhtem Budget eine proportionale Vermehrung der Gütermengen. Der Preisexpansionspfad ist in diesem Fall linear. Eine disproportionale Vermehrung der Gütermengen führt zu einem konvexen oder konkaven Preisexpansionspfad. Eine negative Beziehung ergibt sich dann, wenn eine Komponente absolut inferior ist.

In Bezug auf die Hypothesenableitung gilt auch hier, dass der Einfluss der Abwägungen über die Substituierbarkeit von Verwendungssorgfalt und eingebauter Haltbarkeit auf die Entscheidung zwischen Offensiv- und Defensivprodukt bereits Bestandteil der vorangegangenen Hypothesen ist. Durch die Parallelverschiebung der Haltbarkeitsbudgetgeraden ändert sich an diesen Überlegungen nichts.

4.3 Der Einfluss der Verwendungsintensität auf die Produktwahl

Neben der Verwendungssorgfalt spielt die Verwendungsintensität vermutlich eine Rolle bei der Entscheidung zwischen einem offensiv und einem defensiv haltbaren Produkt. Individuen, die ein Gebrauchsgut intensiv, d.h. sehr häufig nutzen (müssen), sind vergleichsweise stärker auf dessen Zuverlässigkeit angewiesen. Ein Ausfall des entsprechenden Gutes stellt in diesem Fall möglicherweise einen bedeutenden Einschnitt in das alltägliche Leben dar. Es leuchtet darüber hinaus ein, dass eine häufigere Nutzung eines Gebrauchsgutes den Verschleiß erhöht und dementsprechend eine höhere Haltbarkeit nachgefragt werden müsste. Diese Überlegung führt zur folgenden Hypothese:

Hypothese 7: Je höher die Verwendungsintensität ist, umso eher wird das offensiv haltbare Produkt gewählt bzw. Personen, die sich für das offensiv haltbare Produkt entscheiden, nutzen dieses intensiver als diejenigen Personen, die das defensiv haltbare Produkt wählen.

4.4 Der Einfluss der Zeitpräferenz auf die Produktwahl

Swan unterstellt in seinem Modell, dass alle Konsumenten die gleiche Zeitpräferenz aufweisen.[124] Diese Annahme ist von Barro und Ramm später insofern modifiziert worden, als dass Konsumenten und Anbieter unterschiedliche Zinssätze aufweisen können.[125] Zahlreiche empirische Studien belegen jedoch das genaue Gegenteil: Es sind regelmäßig individuelle Unterschiede in der Zeitpräferenz festgestellt worden.[126] Bevor die Auswirkungen einer Änderung von Swans Annahme diskutiert werden, soll zunächst das grundsätzliche Konzept der Zeitpräferenz erläutert werden. Viele Entscheidungen haben längerfristige Konsequenzen, d.h. heutiger Verzicht oder heutige Vorteile müssen gegen zukünftigen Verzicht oder zukünf-

[124] Vgl. Abschnitt 2.2.1, S. 20ff.
[125] Vgl. Barro (1972); Ramm (1974); Vgl. auch Kapitel 3.3.
[126] Vgl. dazu z.B. Frederick et al. (2002).

tige Vorteile abgewogen werden. Bei Entscheidungen müssen also oft nicht nur unmittelbare Auswirkungen beachtet werden, sondern auch oder gerade solche, die zu unterschiedlichen Zeitpunkten auftreten. In solchen Situationen wird von intertemporalen Entscheidungen gesprochen. Werden bestimmte Zeitpunkte für das Eintreten von Konsequenzen gegenüber anderen Zeitpunkten vorgezogen, so spricht man von Zeitpräferenzen. Das Konzept der Zeitpräferenz wird hauptsächlich im Zusammenhang mit unternehmerischen Investitionsentscheidungen genutzt, da so risikobehaftete Investitionsalternativen evaluiert werden können.

Mit Hilfe der Formel

$$(18) \quad GP = F_t(1+r)^{-t}$$

wird der Gegenwartswert GP eines Projektes berechnet. Dabei stellt F_t den Rückfluss der Investition in Periode t dar, während r die Diskontierungsrate des Unternehmens bezeichnet. Ein hoher Wert für r bedeutet, dass das Unternehmen heutige Rückflüsse stärker gewichtet als zukünftige, da Rückflüsse, die weiter in der Zukunft liegen, stärker abgezinst werden als solche, die zeitnah anfallen. Ein Diskontsatz bzw. eine Zeitpräferenz von 25% würde bedeuten, dass ein Unternehmen für jede heute investierte Geldeinheit in einem Jahr 1.25 Geldeinheiten fordert.

Das Konzept der Zeitpräferenz kann auch auf Entscheidungen von Konsumenten angewendet werden. Seit Ende der 1970er Jahre sind Untersuchungen zur Zeitpräferenz im Konsumentenverhalten durchgeführt worden. Bereits im Jahr 1890 hat Alfred Marshall die Idee der Zeitpräferenz diskutiert: Der Diskontsatz beeinflusse nicht nur das Sparverhalten von Konsumenten, wie das Konzept traditionell unterstellt, sondern auch ihre Absicht, Güter zu kaufen, die über einen längeren Zeitraum Leistung abgeben. Er führt als Beispiel an, dass Konsumenten mit einer geringeren Zeitpräferenz, eher dazu tendieren würden, sehr langlebige Möbel zu kaufen als solche, die schon nach kurzer Zeit auseinander fallen.[127]

Ökonomen beschäftigen sich schon seit langem mit dem Phänomen der Zeitpräferenz, wobei anfangs hauptsächlich deskriptive Erklärungsansätze herangezogen worden sind, die sich vor

[127] Vgl. Marshall (1890), S. 100f.

allem psychologischer Erkenntnisse bedienen.[128] Rae beschäftigt sich mit den Gründen für bzw. gegen Konsumverzicht und identifiziert vier Faktoren. Die begrenzte Lebenszeit sowie das „psychologische Unbehagen des Konsumverzichts“ bringen Menschen dazu, Konsum möglichst sofort anzustreben. Demgegenüber helfen intellektuelle Fähigkeiten und das Mitgefühl anderen Menschen gegenüber, Konsum aufzuschieben.[129] Senior greift einen von Raes Faktoren wieder auf und entwickelt die Theorie der „Abstinenz“. Er argumentiert anhand von Zinsen, da Kapitalzinsen einen Ausgleich dafür darstellen, dass sich der Investor in Abstinenz üben muss und sein Geld erst zu einem späteren Zeitpunkt in Konsum umsetzen kann.[130]

Während Senior von positiver Zeitpräferenz ausgeht, argumentiert Jevons genau umgekehrt. Nach seiner Auffassung ist der Grund für Konsumverzicht die Vorfreude, die Menschen bei dem Gedanken an einen Konsum in der Zukunft verspüren. Er geht also tendenziell von negativer Zeitpräferenz aus.[131] Die drei genannten Autoren haben gemeinsam, dass sie nur in der Gegenwart verspürte Eindrücke betrachten. Zukünftiger Konsum fließt somit also entweder als Gefühl der Vorfreude oder als Qual der Abstinenz in eine Entscheidung mit ein.

Später ist jedoch vorausgesetzt worden, dass Individuen über ausreichende geistige Fähigkeiten verfügen, Nutzen in verschiedenen Zeitperioden miteinander zu vergleichen. Dieses Konzept ist erstmals von v. Böhm-Bawerk propagiert worden.[132] Fisher formalisiert v. Böhm-Bawerks Idee, indem er die aus der Nutzentheorie bekannten Indifferenzkurven auf intertemporale Entscheidungen anwendet. Die Steigung einer in Abbildung 32 dargestellten Indifferenzkurve in einem Punkt gibt dabei die Bereitschaft eines Individuums an, auf Konsum in $t = 0$ zugunsten von Konsum in $t = 1$ zu verzichten.[133]

[128] Vgl. Loewenstein (1992), S. 3 ff.
[129] Vgl. Rae (1834).
[130] Vgl. Senior (1836).
[131] Vgl. Jevons (1871).
[132] Vgl. Böhm-Bawerk, v. (1921).
[133] Vgl. Fisher (1930).

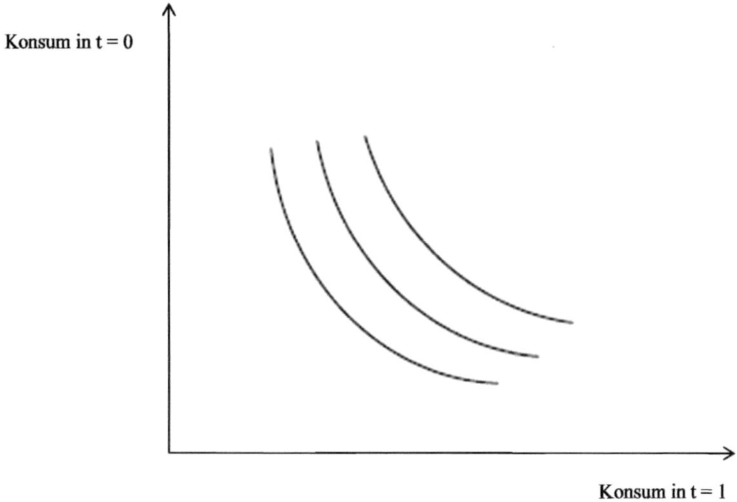

Abbildung 32: Indifferenzkurvensystem
Quelle: Hempelmann et al. (2002), S. 381.

4.4.1 Das Grundmodell der Zeitpräferenz: Der Discounted-Utility-Ansatz

Aufbauend auf Fishers Überlegungen entwickelt Samuelson eine formale Modellierung der Zeitpräferenz. Es werden zwei Entscheidungsalternativen a und b betrachtet, die in verschiedenen Zeitpunkten t zu entsprechenden Konsequenzen führen. Die Alternative π wird dann gegenüber τ vorgezogen, wenn der diskontierte Nutzen von größer ist als der diskontierte Nutzen von τ:

$$(19)\ (\pi \succ \tau \Leftrightarrow U(\pi) = \sum_{t=0}^{T} \gamma_t * u(\pi_t) > U(\tau) = \sum_{t=0}^{T} \gamma_t * u(\tau_t).$$

Dabei bezeichnet u eine Nutzenfunktion mit positivem, aber abnehmendem Grenznutzen und γ_t den Diskontsatz der Konsumenten für den Zeitpunkt t. Der Vektor (π_0, π_1, ..., π_T) beschreibt die zeitliche Verteilung der Konsequenzen von Alternative π. Entsprechendes gilt für die Alternative τ. Der Discounted-Utility-Ansatz lässt sich aus einer Reihe von Axiomen ableiten: Die Präferenzordnung des Individuums muss vollständig sein und die Voraussetzungen Stetigkeit, Reflexivität und Transitivität erfüllen. Nur wenn diese Voraussetzungen gegeben sind, lassen sich die Präferenzen durch eine Nutzenfunktion repräsentieren. Für die Herleitung von

(19) muss ein weiteres Axiom erfüllt sein: Die Präferenz muss unabhängig von irrelevanten Alternativen sein, d.h. falls eine Konsequenz zu einem bestimmten Zeitpunkt t bei allen Entscheidungsalternativen gleich ist, darf dieses keinen Einfluss auf die Präferenz zwischen den Alternativen haben. Die intertemporale Nutzenfunktion (19) lässt sich weiter vereinfachen, wenn die Präferenzen zusätzlich stationär sind. Wenn Stationarität gegeben ist, bedeutet dies, dass sich die Präferenzen nicht ändern, wenn das Eintreten der Konsequenzen der Alternativen um eine feste Anzahl von Perioden in die Zukunft verschoben wird. Dieses Axiom wird von Koopmans formalisiert, indem er fordert, dass:[134]

$$(20) \quad \pi_t \succ \tau_{t'} \Rightarrow \pi_{t+l} \succ \tau_{t'+l} \text{ für alle } \ell > 0.$$

Aus den genannten Axiomen resultiert das Standardmodell des diskontierten Nutzens:

$$(21) \quad U(\pi) = \sum_{t=0}^{T} \frac{u(\pi_t)}{(1+\gamma)^t}.$$

Der Diskontfaktor $(1 + \gamma)^t$ gibt dabei an, ob ein Individuum eine positive Zeitpräferenz ($\gamma > 0$) oder eine negative Zeitpräferenz ($\gamma < 0$) aufweist bzw. hinsichtlich der zeitlichen Verteilung von Konsequenzen indifferent ist ($\gamma = 0$)[135].

Wie aus einer Studie von Frederick et al. hervorgeht, befasst sich eine beachtliche Zahl von empirischen Untersuchungen mit der Messung individueller Zeitpräferenzen. Darüber hinaus stellen die Autoren dar, dass die ermittelten impliziten Diskontraten stark variieren und die Konsumenten die Zukunft oftmals extrem diskontieren.[136]

Hier sei exemplarisch die Analyse von Liebermann/Ungar eingehender betrachtet. Die Autoren führen eine Untersuchung zur Kaufentscheidung von Gebrauchsgütern mit Blick auf die Zeitpräferenz durch.[137] Dies erscheint insofern sinnvoll, als dass der Zeitaspekt bei Gebrauchsgütern im Vergleich zu Verbrauchsgütern eine größere Rolle spielt. Beim Kauf von Gebrauchsgütern bzw. haltbaren Gütern geht der Konsument eine zeitliche Bindung an das erworbene Produkt ein, die dann etwa erst in späteren Perioden durch die Nutzungsdauer auf-

[134] Vgl. Koopmanns (1960), S. 291.
[135] Vgl. Samuelson (1937), S. 158.
[136] Vgl. Frederick et al. (2002), S. 377f.
[137] Vgl. Liebermann/Ungar (2002).

gelöst wird.[138] Hinzu kommt, dass bei vielen haltbaren Gütern neben dem Anschaffungspreis auch periodische Nutzungskosten anfallen. Die Summe aus Kaufpreis und anfallenden Nutzungskosten wird als Lebenszykluskosten bezeichnet. Bei alternativen Gebrauchsgütern einer Produktkategorie kann es demnach durchaus vorkommen, dass sich der Konsument mit unterschiedlichen Strukturen von Lebenszykluskosten konfrontiert sieht, wie es Abbildung 33 verdeutlicht.

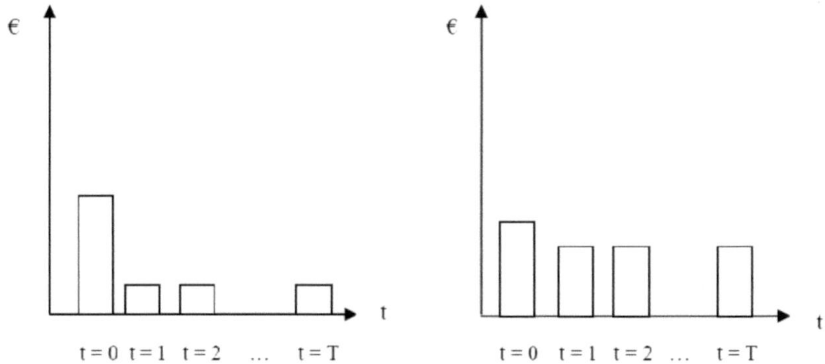

Abbildung 33: Lebenszykluskosten der Gebrauchsgüter A und B
Quelle: Hempelmann et al. (2002).

Während bei Gebrauchsgut A zum Kaufzeitpunkt t = 0 ein hoher Kaufpreis und geringe Folgekosten anfallen, muss der Konsument bei Entscheidung für Gebrauchsgut B einen vergleichsweise geringen Anschaffungspreis entrichten, jedoch hohe Folgekosten in den jeweiligen Nutzungsperioden t = 1 bis t = T in Kauf nehmen.

Die zu treffende Kaufentscheidung hat für den Konsumenten monetäre Konsequenzen zur Folge, die zu unterschiedlichen Zeitpunkten eintreten. Demnach handelt es sich um eine intertemporale Entscheidungssituation. Liebermann/Ungar vergleichen derartige Entscheidungssituationen mit Investitionsentscheidungen. Es werden zwei konkurrierende Gebrauchsgüter A und B betrachtet, die sich ausschließlich im Einkaufspreis und in den Nutzungskosten unterscheiden, wobei für Ersteres $P_A > P_B$ und für Zweites $C_A < C_B$ gelte. Dann bedeutet die Wahl der Marke A eine Investition von $P_A - P_B$ mit einem periodischen Zahlungsüberschuss

[138] Vgl. Standop (1989), S. 333ff.

dieser Investition von C_B - C_A. Ein Konsument wird in der Entscheidung zwischen den Marken genau dann indifferent sein, wenn die Differenz der Einkaufspreise gleich der Differenz der diskontierten Nutzungskosten über die Nutzungsdauer ist:

$$(22) \quad P_A - P_B = \sum_{t=1}^{T} \frac{C_B - C_A}{(1+\gamma_0)^t}.$$

Der Zinssatz γ_0 entspricht dann dem aus der Investitionsrechnung bekannten internen Zinsfuß der Differenzinvestition. In einem weiteren Schritt erheben Liebermann/Ungar individuelle Diskontraten γ als Indikator für die individuelle Zeitpräferenz. Dabei sind die Versuchspersonen gefragt worden, welchen zusätzlichen Betrag sie zu zahlen bereit wären, wenn die Fälligkeit einer üblichen Studiengebühr um ein Jahr verschoben wird. Anhand der Diskontraten werden zwei Gruppen gebildet: Die erste Gruppe hat eine individuelle Diskontrate von $\gamma < \gamma_0$. Die zweite Gruppe ist durch eine individuelle Diskontrate von $\gamma > \gamma_0$ gekennzeichnet. Für γ_0 gelte $\gamma_0 = 10\%$. Liebermann/Ungar betrachten nun in einem zweiten Schritt, ob sich die Probanden entsprechend ihrer Zeitpräferenz für Produkt A entscheiden, wenn sie der Gruppe mit $\gamma < 10\%$ zugeordnet worden sind bzw. Produkt B wählen, falls sie der Gruppe mit $\gamma > 10\%$ angehören. Bei dem betrachteten Produkt handelt es sich um Klimaanlagen.[139] Die Ergebnisse bestätigen die Vermutung der Autoren im Gegensatz zu einer identischen Studie aus dem Jahre 1997, für die jedoch ausschließlich Studenten als Probanden rekrutiert worden sind.[140] Nichtsdestotrotz sind in vielen Studien anderer Autoren vom Standardmodell der Zeitpräferenz abweichende Verhaltensweisen beobachtet worden, die auch als Anomalien bezeichnet werden.[141] Ausgehend von den beobachteten Anomalien sind Ansätze formuliert worden, die diese Anomalien zumindest teilweise berücksichtigen, wobei insbesondere der Hyperbolic-Discount-Ansatz zu erwähnen ist. Im Gegensatz zum Standardmodell wird eine nicht-lineare Zeitwahrnehmung unterstellt. Diese Annahme wird durch verschiedene empirische Studien gestützt.[142]

---

[139] Vgl. Liebermann/Ungar (2002), S. 731ff. Darüber hinaus entwerfen die Autoren eine analoge Situation, in der Finanzierungsalternativen den Entscheidungsgegenstand darstellen.

[140] Vgl. Liebermann/Ungar (1997).

[141] Für einen Überblick sei auf Loewenstein/Prelec (1992), S. 574ff. und Thaler (1992), S. 95ff. verwiesen.

[142] Vgl. Benzion et al. (1989); Shelley (1993).

4.4.2 Der Zusammenhang zwischen Zeit- und Haltbarkeitspräferenz

Die individuelle Zeitpräferenz gibt somit an, wie stark zukünftige Rückflüsse abgezinst werden. Bezogen auf den konkreten Fall haltbarer Güter werden diese Rückflüsse durch zukünftige Leistungsabgaben repräsentiert. Eine geringe individuelle Zeitpräferenz bedeutet daher, dass zukünftige Leistungsabgaben weniger stark diskontiert werden als im Fall einer hohen Zeitpräferenz. Nach Marshall wirkt sich demnach eine geringe Zeitpräferenz positiv auf das nachgefragte Haltbarkeitsniveau aus.[143]

Bei Gültigkeit der Annahme von Swan, dass alle Konsumenten die gleiche Zeitpräferenz aufweisen, diskontieren diese die zukünftigen Leistungsabgaben eines haltbaren Gutes gleich stark. Abhängig von der Höhe der Zeitpräferenz fragen dann alle Konsumenten eine gleich hohe bzw. niedrige Haltbarkeit nach.[144] Wird die Annahme hingegen aufgehoben, werden, wie oben diskutiert, unterschiedliche Haltbarkeiten nachgefragt, da die zukünftige Leistung eines haltbaren Gutes unterschiedlich bewertet wird.

Die Zeitpräferenz repräsentiert die Geduld bzw. Ungeduld, die bei der Abwägung zwischen heutigem und zukünftigem Konsum (intertemporale Entscheidungen) ausschlaggebend ist. Basierend auf den Beobachtungen, dass nicht alle Menschen gleich (un)geduldig sind und eine starke Abzinsung der Zukunft oft als unangemessen und irrational angesehen wird[145], entwickeln Becker und Mulligan ein Modell, in dem ein Individuum die Möglichkeit hat, durch entsprechende Investitionen seine Ungeduld zu verringern. Man betrachte eine Person, die über einen Zeitraum von zwei Perioden konsumieren kann. Die Person bewertet zukünftigen Nutzen entsprechend ihrer Vorstellung über die Entferntheit bzw. Nähe des Eintritts dieses Nutzens.

$$(23) \quad U = f_0(c_0) + \omega(S) * f_1(c_1),$$

wobei c_0 und c_1 den gegenwärtigen bzw. zukünftigen Konsum bezeichnen. Die Funktionen f_0 und f_1 dienen dazu, diesen Konsum in gegenwärtige und zukünftige Vorteile umzuwandeln. Die zukünftigen Vorteile werden gemäß der Diskontierungsfunktion ω abgezinst. Analog zu

[143] Vgl. Marshall (1890), S. 100f.

[144] Vgl. Kapitel 3.2, S. 38f.

[145] Ungeduld wird als Schwäche angesehen, die es zu überwinden gilt. Vgl. Becker/Mulligan (1997), S. 733.

v. Böhm-Bawerk unterstellen Becker/Mulligan, dass der Konsument über die Möglichkeit verfügt, Anstrengungen zu unternehmen, die seine Wertschätzung der zukünftigen Vorteile erhöhen kann. Dies wird in dem formalen Modell durch S ausgedrückt. Der Konsument kann die Entferntheit eines zukünftigen Vorteils verringern, indem er einen Betrag S investiert und sich folglich diesen Vorteil besser vorstellen kann. Für $\omega(S)$ gilt dann: $\omega(S) > 0$, $\omega'(S) \geq 0$, $\omega''(S) \leq 0$ für $S \geq 0$. Je höher S ist, umso lebhafter wird die Vorstellung über den zukünftigen Vorteil, wodurch auch sein Nutzen steigt. $\omega(S)$ ist eine steigende Funktion, wobei ein abnehmender Grenznutzen von S unterstellt wird.

S wird determiniert durch die Faktoren Zeit und Geld, die investiert werden müssen, um sich ein möglichst zutreffendes Bild der Zukunft machen zu können. Die erforderliche Zeit und das investierte Geld stehen somit nicht mehr für andere Aktivitäten zur Verfügung. Ein Beispiel für Tätigkeiten, die S erhöhen, ist das Verbringen von Zeit mit älteren Menschen, um so den zukünftigen Nutzen einer Altersvorsorge besser erkennen zu können.[146] Der Bildungsstand einer Person kann die Höhe von S ebenfalls beeinflussen, da eine entsprechende Bildung bessere Vorstellungen über zukünftige Situationen vermitteln kann. Darüber hinaus fördern wiederholte Übungen zu Problemlösungen die Fähigkeit, sich mögliche (zukünftige) Szenarien vorzustellen. Daher müsste für gebildete Personen die wahrgenommene Entferntheit von zukünftigem Nutzen geringer sein. Neben der Bildung beeinflusst auch das Einkommen oder der Wohlstand eines Individuums dessen Anstrengungen, zukünftigen Nutzen besser einschätzen zu können.

Unter der Annahme, dass wohlhabende Individuen ihre Zeitpräferenz optimieren, impliziert die Bedingung erster Ordnung $\omega'(S) \geq 0$, dass diese Individuen den größten Anreiz haben, S zu erhöhen, da sie einen geringen Grenznutzen des Wohlstands aufweisen und über hohe zukünftige Nutzen verfügen. Becker/Mulligan beweisen in einem vorherigen Aufsatz, dass sich wohlhabende Personen stärker um ein zutreffendes Bild der Zukunft bemühen, d.h. stärker in S investieren. Die Autoren belegen die Modellimplikationen mithilfe einiger existierender empirischer Studien.[147] Zusammenfassend lässt sich somit festhalten, dass Menschen, die in S investieren, um die Diskontrate zu senken, sich zukünftiger Nutzen bewusst sind und diese mittels eines geringen Abzinsungsfaktors „näher" erscheinen lassen. Überträgt man diese Überlegungen auf die Beziehung zwischen Zeit- und Haltbarkeitspräferenz, dann schätzen

[146] Vgl. Becker/Mulligan (1997), S. 735.
[147] Ebd., S. 747.

Menschen mit hohem S bzw. geringer Zeitpräferenz den zukünftigen Nutzen eines sehr haltbaren Gutes besser ein und diskontieren diesen nur geringfügig.

Darüber hinaus wird oftmals eine negative Beziehung zwischen dem Alter eines Individuums und seiner Zeitpräferenz beobachtet.[148] Rogers wendet ein Modell der Evolutionstheorie an, um die Bildung von Zeitpräferenzen und deren Abhängigkeit vom Alter zu erklären. Dabei weist er darauf hin, dass die Zeitpräferenz neben evolutionären Prozessen auch durch Lernprozesse und kulturelle Faktoren beeinflusst wird. Rogers trifft die Annahme, dass jedes Individuum einen über die Zeit variierenden Reproduktionsfaktor aufweist und dass die Höhe dieses Faktors durch Konsum beeinflusst werden kann. Die Möglichkeit, dem eigenen Nachwuchs Nutzen aus Konsum zu stiften, ist ein wesentlicher Aspekt des Modells.

Mithilfe dieser Überlegung kann der Einfluss des Alters auf die Zeitpräferenz erklärt werden. Wenn man selbst noch jung ist, möchte man selber aus Konsum Nutzen ziehen und hat eine entsprechend hohe Zeitpräferenz, während im Alter die Zeitpräferenz abnimmt.[149] Ein negativer Zusammenhang zwischen Alter und Zeitpräferenz ist in verschiedenen empirischen Studien beobachtet worden. Thaler, Horovitz sowie Winston/Woodbury ermitteln außerordentlich hohe Diskontraten für Studenten, während Kotlikoff et al. ebenso wie Blinder et al. das genaue Gegenteil für Versuchspersonen, die kurz vor der Rente stehen, aufzeigen.[150]

Basierend auf diesen Ausführungen lassen sich die folgenden Hypothesen formulieren:

Hypothese 8: Menschen mit einer geringen (hohen) Zeitpräferenz entscheiden sich eher für das offensiv (defensiv) haltbare Produkt.

Diese Hypothese basiert, darauf, dass bei unterschiedlicher Zeitpräferenz unterschiedliche Haltbarkeiten nachgefragt werden, da die zukünftige Leistung eines Produktes verschieden bewertet wird.

---

[148] Dass sich der Wert der Diskontrate im Zeitablauf verändert, geht einher mit der beobachteten Anomalie der zeitlichen Inkonsistenz. Vgl. dazu Loewenstein/Prelec (1992), S. 574ff. sowie Thaler (1992), S. 95ff.

[149] Vgl. Rogers (1994), S. 463ff.

[150] Vgl. Thaler (1981); Horowitz (1991); Winston/Woodbury (1991); Kotlikoff et al. (1982); Blinder et al. (1981).

Hinsichtlich der aufgedeckten Einflussfaktoren der Zeitpräferenz erscheinen die folgenden Hypothesen sinnvoll. Das Einkommen sowie die Bildung und das Alter einer Person sind Faktoren, die nachweislich die Zeitpräferenz beeinflussen.[151] Die Beziehung zwischen den Variablen lässt sich wie die bisherigen Ausführungen zeigen auch theoretisch herleiten. Die Hypothesen 9 bis 11 geben den postulierten Zusammenhang zwischen den genannten Faktoren und der Zeitpräferenz wieder.

Hypothese 9: Personen mit hohem (niedrigem) Einkommen haben eine geringe (hohe) Zeitpräferenz.

Hypothese 10: Personen mit hohem (niedrigem) Bildungsstand haben eine geringe (hohe) Zeitpräferenz.

Hypothese 11: Das Alter einer Person beeinflusst die Zeitpräferenz negativ, d.h. je älter eine Person ist, umso niedriger ist die Zeitpräferenz.

Mit Blick auf den Einfluss der Zeitpräferenz auf die Modellwahl ergeben sich unmittelbar die nachstehenden Hypothesen:

Hypothese 12: Je höher der Bildungsstand einer Person ist, umso eher wird das offensiv haltbare Produkt gewählt bzw. die Käufer eines offensiv haltbaren Produktes verfügen über eine vergleichsweise hohe Bildung.

Hypothese 13: Je älter eine Person ist, umso eher entscheidet sie sich für das offensiv haltbare Produkt.

Bezüglich der Hypothesen 11 und 13 ist jedoch auch das genaue Gegenteil denkbar. Der negative Zusammenhang zwischen Alter und Zeitpräferenz gilt zwar als gesichert, allerdings zeigen Becker und Mulligan einen positiven Zusammenhang zwischen der Sterblichkeit und der Zeitpräferenz auf. Jemand, der sich wegen seines hohen Alters seiner Sterblichkeit bewusst ist, dürfte eine relativ starke Zeitpräferenz und somit eine schwach ausgeprägte Präferenz für Haltbarkeit aufweisen.[152]

---

[151] Vgl. Frederick et al. (2002), S. 366.
[152] Vgl. Becker/Mulligan (1997), S. 739.

5 Die Anlage der empirischen Untersuchung

5.1 Grundsätzliche Aspekte der Datengewinnung

5.1.1 Die Güte der Datengewinnung

In diesem Kapitel werden die Operationalisierungen der in Kapitel 4 identifizierten Determinanten, welche die Entscheidung zwischen einem offensiv und defensiv haltbaren Produkt theoretisch beeinflussen, beschrieben. Bei den Determinanten Verwendungssorgfalt sowie Risikowahrnehmung handelt es sich um psychische Größen, die Zustände im Inneren des Konsumenten abbilden sollen. Diese sind jedoch nicht direkt beobachtbar und stellen somit Konstrukte dar, die durch geeignete und vergleichsweise leichter messbare Indikatoren zu operationalisieren sind.[153] Sie lassen sich als intervenierende Variablen bzw. Organismusvariablen charakterisieren, da sie im Rahmen von Stimulus-Organismus-Reaktions-Modellen (S-O-R-Modellen) einen Beitrag zur Erklärung und Prognose direkt beobachtbarer Verhaltensreaktionen (der Reaktionsvariablen in S-O-R-Modellen) zu leisten versprechen.[154] Damit ergibt sich unmittelbar das Problem, Indikatoren herzuleiten, die brauchbare Ersatzgrößen für die psychischen Verhaltensdeterminanten darstellen, die eigentlich von Interesse sind.

Für die Beurteilung einer durchgeführten Operationalisierung stehen mehrere Maße zur Verfügung, von denen vor allem die Reliabilität und die Validität zu nennen sind.[155] Reliabilität liegt vor, wenn eine Messung frei ist von Zufallsfehlern. Die Reliabilität (Zuverlässigkeit) lässt sich anhand der Zerlegung des beobachteten Messwertes („observed score"; OS) verdeutlichen:[156]

$$(24) \quad OS = TS + SE + RE\,.$$

Der beobachtete Messwert setzt sich demnach aus dem „wahren" Wert („true score"; TS), einem systematischen Fehler („systematic error"; SE) und einem zufälligen Fehler zusammen

[153] Indikatoren sind unmittelbar messbare Sachverhalte, welche das Vorliegen der gemeinten, aber nicht direkt erfassbaren Phänomene anzeigen. Vgl. Böcker/Helm (2003), S. 148.

[154] Vgl. Kroeber-Riel et al. (2009), S. 31ff.

[155] Vgl. Himme (2007), S. 375f.

[156] Churchill (1979), S. 65.

(„random error"; RE). Die Reliabilität bezieht sich auf den zufälligen, unsystematischen Fehler: Bei einer vollkommen reliablen Messung gibt es keine Zufallsfehler (RE = 0). Dieser Zufallsfehler ist ein variabler Fehler, der alle die Einflussfaktoren enthält, die bei jeder Messung die Messergebnisse mit anderer Stärke ohne erkennbare Systematik beeinflussen.

Das Kriterium der Validität (Gültigkeit) sei wieder anhand der Zerlegung des beobachteten Messwerts verdeutlicht (vgl. Gleichung (24)). Validität drückt aus, dass ein Messverfahren auch wirklich das misst, was gemessen werden soll (OS = TS). Das bedeutet, dass für eine valide Messung neben dem zufälligen Fehler (RE = 0) auch der systematische Fehler (SE = 0) auszuschließen ist. Insofern ist die Reliabilität einer Messung eine notwendige, jedoch keine hinreichende Bedingung für die Validität.[157]

Da die Erfüllung dieser Hauptgütekriterien[158] die Qualität der Ergebnisse der empirischen Untersuchung maßgeblich beeinflusst, sind alle weiteren Entscheidungen, die im Rahmen der Anlage der empirischen Untersuchung getroffen werden, unter Berücksichtigung der Reliabilität und Validität zu prüfen.

Die konkrete Messung der Reliabilität setzt zumeist an der Korrelation der Ergebnisse zweier Messungen an, wobei hohe Korrelationen im Allgemeinen auf eine hohe Reliabilität hindeuten.[159] Im Wesentlichen werden drei Formen der Reliabilitätsprüfung unterschieden: Eine dieser Formen stellt die Wiederholungsreliabilität (test-retest-reliability) dar, bei deren Bestimmung derselbe Test denselben Probanden unter möglichst identischen Bedingungen ein zweites Mal vorgelegt wird. Allerdings ist umstritten welcher Zeitraum zwischen dem ersten und zweiten Test liegen sollte. Peter schlägt einen Abstand von zwei Wochen vor.[160] Der Rückgriff auf die Wiederholungsreliabilität als Gütekriterium erfolgt aufgrund zweier Probleme nur selten.[161] Zum einen können Erinnerungseffekte zu einer Überschätzung der Reliabilität führen, da sich die Probanden möglicherweise an ihre Antworten aus der ersten Befragung erinnern und sich um ein möglichst konsistentes Antwortverhalten bemühen.[162]

---

[157] Vgl. Balderjahn (2003), S. 131; Churchill (1979), S. 65.

[158] Neben Reliabilität und Validität als Hauptgütekriterien zählen insbesondere die Normiertheit, Vergleichbarkeit, Ökonomie und Nützlichkeit zu den sog. Nebengütekriterien. Die Objektivität wird häufig den Hauptgütekriterien zugeordnet. Vgl. Himme (2007), S. 375f; Heidenreich (1984), S. 364.

[159] Vgl. Bühner (2004), S. 117.

[160] Vgl. Peter (1979), S. 8.

[161] Vgl. z.B. Nunnally (1994) S. 254f. Peter (1979), S. 8; Stier (1999), S. 54.

[162] Vgl. Churchill (1979), S. 70.

Zum anderen können Veränderungen im Meinungsbild der Probanden aufgrund von Lerneffekten zu einer Unterschätzung der Reliabilität führen. Ob eine Veränderung im Antwortverhalten auf eine solche Meinungsänderung oder auf eine unreliable Messung zurückzuführen ist, lässt sich nicht voneinander trennen. Inwieweit diese beiden Effekte auftreten, ist vom Zeitintervall zwischen den beiden Testdurchführungen abhängig. Dabei zeigt sich ein Trade off: Je größer das Zeitintervall ist, desto stärker können Meinungsveränderungen auftreten, aber desto schwächer werden die Erinnerungseffekte ausfallen.[163]

Um das Problem der Abhängigkeit der Reliabilitätsschätzung von dem Zeitintervall zu umgehen, ist als Alternative die Paralleltestreliabilität (alternative-forms-reliability) entwickelt worden. Auch hier werden mit denselben Probanden zwei Tests in einem kurzen zeitlichen Abstand durchgeführt. Im Unterschied zur Wiederholungsreliabilität handelt es sich jedoch bei dem zweiten Test nicht um denselben, sondern einen „äquivalenten" Test, d.h. einen Test, der dem ersten Test sehr ähnlich ist und dasselbe Konstrukt misst.[164] Analog zum Fall der Wiederholungreliabilität können hier Verzerrungen aufgrund von Lerneffekten auftreten, was jedoch durch Änderungen der Reihenfolge der Anwendung der Messinstrumente umgangen werden kann. Das Kernproblem dieser Reliabilitätsprüfung liegt jedoch in der Verfügbarkeit einer echten Parallelform.[165] Neben dem großen Aufwand der Erstellung eines zweiten Tests ist dann auch zusätzlich der Nachweis zu erbringen, dass dieser zweite Test reliabel und valide ist.[166]

Als dritte Form der Reliabilitätsprüfungen steht die interne Konsistenz zur Verfügung. Im Gegensatz zu den vorher beschriebenen Formen der Reliabilitätserfassung wird in diesem Fall den Probanden der Test nur einmal vorgelegt, so dass zeitliche Instabilitäten von vornherein ausgeschlossen werden. Interne Konsistenz bezieht sich auf die Forderung nach Homogenität der Items, d.h. die Indikatoren müssen widerspruchsfrei und eindimensional sein.[167] Die einfachste Form der Konsistenzabschätzung besteht darin, die Korrelation zwischen den Messwerten zweier Testhälften zu bestimmen (split-half-reliability). Die Aufteilung kann auf unterschiedliche Weise vorgenommen werden, beispielsweise zufällig oder gemäß der Odd-Even-Methode (Item 1 in die erste Hälfte, Item 2 in die zweite Hälfte, Item 3 in die erste

[163] Vgl. Himme (2007), S. 378.
[164] Vgl. Nunnally (1994), S. 252ff.
[165] Vgl. Stier (1999), S. 54.
[166] Vgl. Himme (2007), S. 378.
[167] Vgl. Peter (1979), S. 8.

Hälfte usw.). Die Korrelation der beiden Testhälften (Split-Half-Koeffizient) wird mithilfe der Spearman-Brown-Formel bestimmt.[168] Das zentrale Problem dieser Halbierungsreliabilität ist jedoch, dass aus unterschiedlichen Halbierungen unterschiedliche Reliabilitätsschätzungen resultieren und damit die Frage unbeantwortet bleibt, welches der „wahre" Reliabilitätskoeffizient ist.[169] Es ist daher naheliegend, einen mittleren Reliabilitätskoeffizienten aus allen möglichen Split-Half-Koeffizienten zu ermitteln. Dieser mittlere Reliabilitätskoeffizient ist gleichbedeutend mit dem bekanntesten Reliabilitätsmaß, dem α-Koeffizienten nach Cronbach.[170] Der Cronbach-alpha-Koeffizient gilt heute als Standardmethode zur Schätzung der internen Konsistenz.[171] Die konkrete Überprüfung der Validität eines Messinstruments gestaltet sich tendenziell schwieriger als die Überprüfung der Reliabilität, da die wahren Werte eines Konstrukts nicht bekannt sind.[172]

Analog zur Reliabilitätsuntersuchung existieren mehrere Formen der Validitätsüberprüfung. Die Konstruktvalidität einer Messung drückt sich in dem Grad aus, in dem die Messung Größe und Richtung einer repräsentativen Auswahl der Konstrukteigenschaften abbildet und die Messung nicht durch Elemente anderer Konstrukte oder systematischer Messfehler verfälscht wird.[173] Für den Nachweis der Konstruktvalidität sind zwei Bestandteile zu prüfen: Konvergenzvalidität drückt sich aus in dem Grad, zu dem weitgehend unterschiedliche Messungen desselben Konstrukts miteinander korrelieren.[174] Diskriminanzvalidität zeigt sich dagegen in dem Ausmaß, in dem das gleiche Messinstrument bei unterschiedlichen Konstrukten unterschiedliche Ergebnisse aufweist.[175] Sofern sich die auf der theoretischen Ebene abgeleiteten Beziehungen anhand der erhobenen Messergebnisse bestätigen und die Gültigkeit der Operationalisierungen für zumindest einzelne beteiligte Konstrukte unterstellt werden kann, kann auf die Validität der übrigen Operationalisierungen geschlossen werden.[176]

---

[168] Siehe dazu ausführlich z.B. Fisseni (2004), S. 54ff.

[169] Vgl. Peter (1979), S. 8.

[170] Vgl. Cronbach (1951).

[171] Vgl. Bühner (2004), S. 122.

[172] Vgl. Hammann/Erichson (1994), S. 77.

[173] Vgl. Peter (1981), S. 134.

[174] Vgl. Peter (1981), S. 136; Balderjahn (2003), S. 132.

[175] Vgl. Balderjahn (2003), S. 132; Churchill (1979), S. 70.

[176] Vgl. Peter (1981), S. 134f. Verschiedene Methoden zur Ermittlung der Konvergenz- und Diskriminanzvalidität beschreibt Bühner (2004), S. 32f.

Inhaltsvalidität ist durch den Grad gekennzeichnet, mit dem die Messergebnisse inhaltlich-semantisch das der Messung zugrundeliegende Konstrukt repräsentieren.[177] Die Messung sollte demnach die verschiedenen theoretischen Bedeutungsinhalte (z.B. Dimensionen) eines Konstrukts abbilden.[178] Als Gütekriterien bei experimentell gewonnenen Daten sind darüber hinaus die interne und externe Validität zu nennen. Für Aussagen oder in empirischen Studien gezogene Schlussfolgerungen wird ein hoher Grad an interner Validität angenommen, wenn Alternativerklärungen für das Vorliegen oder die Höhe der gefundenen Effekte weitestgehend ausgeschlossen werden können.

Interne Validität liegt vor, wenn die Veränderung der abhängigen Variable eindeutig auf die Variation der unabhängigen Variablen zurückgeführt werden kann. Um dies zu gewährleisten, müssen Störvariablen kontrolliert bzw. durch verschiedene Methoden wie Elimination, Randomisierung, Konstanthaltung und Parallelisierung ausgeschaltet werden.

Externe Validität (Verallgemeinerungsfähigkeit, Allgemeingültigkeit, Generalisierbarkeit) ist gegeben, wenn die Ergebnisse in der Stichprobe auf reale Kontexte übertragen werden können. Damit wird die externe Validität maßgeblich durch die Repräsentativität der Stichprobe sowie durch die Repräsentativität der Untersuchungsbedingungen bestimmt.

5.1.2 Die Methode der Datenerhebung

Um Daten zu gewinnen, kann man diese neu erheben (Primärdaten) oder auf Sekundärdaten zurückgreifen, die bereits zu anderen Forschungszwecken erhoben worden sind. Primärdaten erfordern die Beschaffung, Aufbereitung und Erschließung neuen Datenmaterials, was einen gewissen Zeit- und Kostenaufwand verursacht. Bei Sekundärdaten kann man sich stattdessen auf die Beschaffung, Aufbereitung und Erschließung vorhandenen Datenmaterials beschränken.[179] Es ist zu prüfen, in welcher Form die Datenerhebung am zweckmäßigsten durchgeführt werden kann. Die Verwendung von Sekundärdaten ist für die vorliegende Untersuchung nicht möglich, da zu den Variablen keine entsprechenden Daten vorliegen. Demnach müssen Primärdaten erhoben werden. Für die Gewinnung von Primärdaten stehen grundsätzlich als Erhebungsmethoden die Befragung und die Beobachtung zur Verfügung.

---

[177] Vgl. Hammann/Erichson (2000), S. 95; Nunnally (1994), S. 101ff.
[178] Vgl. Balderjahn (2003), S. 131; Rossiter (2002), S. 311.
[179] Vgl. Hammann/Erichson (2000), S. 75.

Aus verschiedenen Gründen kommt die Beobachtung als Erhebungsmethode nicht in Frage: Zum einen handelt es sich bei einigen Variablen um Organismusvariablen, für die sich valide Messungen nur über Befragungen generieren lassen. Zum anderen könnte z.B. das Verwendungsverhalten der Probanden nur im häuslichen Bereich beobachtet werden, das sich beim üblichen Fall der nicht-teilnehmenden Beobachtung einer Überprüfung entzieht. Die Beobachtung des Verwendungsverhaltens stellt somit für diese Untersuchung keine geeignete Datenerhebungsmethode dar. Demnach wird eine Befragung durchgeführt.

Als Befragungsform kommt die mündliche Befragung in den Ausprägungsformen einer persönlichen oder telefonischen Befragung in Betracht. Beide können in klassisch-traditioneller Weise durchgeführt werden oder aber – was heutzutage häufig der Fall ist – computergestützt vorgenommen werden. Die schriftliche Befragung kann ebenfalls einerseits klassisch-traditionell durch das Verschicken von Fragebögen per Brief oder Fax oder andererseits als Internetbefragung erfolgen. Bei der Internet-Befragung erfolgt die Befragung über das World Wide Web. Die Auskunftsperson füllt einen Online-Fragebogen aus. Diese Methode erfreut sich zunehmend einer größeren Beliebtheit.[180] Wegen schwerwiegender Nachteile, die sich bei einer mündlichen Befragung in Form von hohen Kosten, einer hohen Zeitbindung und dem möglichen Auftreten von Interviewereinflüssen ergeben, wird auf die Methode einer schriftlichen Befragung zurückgegriffen. Die Entscheidung zwischen einer klassischen schriftlichen Befragung und einer Online-Befragung ist zugunsten der Online-Befragung getroffen worden. Die Vorteile dieser Befragungsform liegen in den im Vergleich zur klassischen schriftlichen Befragung geringeren Erhebungskosten, der schnelleren Durchführbarkeit, der hohen Flexibilität bei der Programmierung des Fragebogens, die sich positiv auf die Rücklaufquote auswirken, sowie in einigen technischen Details wie z.B. der Möglichkeit zur Erfassung der Bearbeitungsdauer.

Als Versuchsplan (Untersuchungsdesign, experimentelles Design) kommt im Hinblick auf die zugrunde gelegte Forschungsfrage ein Discrete-Choice-Ansatz in Betracht. Der Discrete-Choice-Ansatz simuliert eine Kaufentscheidung, in der sich die Konsumenten zwischen mehreren Produkten einer Produktpalette (evoked set) für eine der angebotenen Alternativen entscheiden sollen. Die abhängige Variable gibt Auskunft über das Ergebnis des individuellen

[180] Vgl. Batanic et al. (2002), S. 7.

Kaufverhaltens, d.h., ob ein bestimmtes Produkt gewählt worden ist oder nicht (0-1 Entscheidung).

Die Discrete-Choice-Analyse hat ihre Wurzeln in der quantitativen Psychologie. Das ökonometrische Modell basiert auf den Arbeiten von Quandt sowie Theil und McFadden.[181] Die Besonderheit dieses Modells liegt darin, dass die zu erklärende Kaufentscheidung des Konsumenten als eine diskrete abhängige Variable dargestellt wird. Die Attraktivität des Modells zeichnet sich durch einen wahrscheinlichkeitstheoretischen Ansatz aus, der die Nutzenvorstellungen und das Auswahlverhalten der Nachfrager theoretisch und methodisch miteinander verbindet.[182] Discrete-Choice-Analysen werden in unterschiedlichen Disziplinen der Sozialwissenschaften angewandt: Verkehrswissenschaften, Energiethemen[183], Gesundheitsökonomie[184]. Eine detaillierte Beschreibung der Methode liefern Train sowie Louviere et al.[185]

Wie bereits beschrieben, simuliert der Discrete-Choice-Ansatz eine Kaufentscheidung. Die zur Auswahl stehenden Produkte variieren aufgrund ihrer Produkteigenschaften und sind nicht teilbar. Der Ansatz bietet den wesentlichen Vorteil, dass persönliche Eigenschaften der Konsumenten in das Modell miteinbezogen werden können. Andere beeinflussende Faktoren auf das Kaufverhalten werden mittels des probabilistischen Ansatzes berücksichtigt, da das Wissen eines Forschers in der Regel nicht ausreicht, um alle kaufentscheidungsrelevanten Einflüsse adäquat abzubilden.

Grundsätzlich basiert der Ansatz auf zwei theoretischen Grundkonzepten. Als erstes Konzept wird die mikroökonomische Haushalts- bzw. Konsumtheorie herangezogen, in welcher unterstellt wird, dass der Konsument vollkommen rational und bewusst handelt und dabei jene Produktalternative wählt, die ihm bei gegebenen Produktpreisen und Budget den größten Nutzen stiftet. Eine Einkaufsentscheidung basiert daher auf einem Kosten-/Nutzenvergleich der unterschiedlichen Alternativen.[186] Lancaster hat die Haushaltstheorie erweitert, indem er darauf hingewiesen hat, dass nicht die Güter selbst, sondern deren Charakteristiken dem Nach-

[181] Vgl. Quandt (1968); Theil (1970); McFadden (1974).
[182] Vgl. Hahn (1997).
[183] Vgl. z. B. Rivers/Jaccard (2005); Goett et al. (2000); Sammer/Wüstenhagen (2006), S. 474.
[184] Vgl. Hall et al. (2004).
[185] Vgl. Train (2003); Louviere et al. (2003).
[186] Vgl. Kreps (1990).

frager Nutzen stiften.[187] Beispielsweise werden beim Kauf einer Glühlampe unterschiedliche Produkteigenschaften berücksichtigt: Lebensdauer, Preis, Energieverbrauch, etc.

Zum anderen dienen die Verhaltenswissenschaften als Grundlage einer Discrete-Choice-Analyse. Die Entscheidung eines Individuums wird durch persönliche, individuelle Merkmale beeinflusst (z.B. Alter, Geschlecht).[188] Verhaltenswissenschaftliche Modelle gehen von der Annahme aus, dass die „Black Box" der Entscheidungsprozesse des Konsumenten durch beobachtbare Stimuli und Reaktionen entschlüsselt werden kann.[189] Die Bestandteile der Black Box sind Persönlichkeitsmerkmale (Soziodemographie), Faktoren des Marketing-Mix (Produktgestaltung, Preis, Distribution, Kommunikation), psychologische Merkmale (Motivation, Einstellungen, Kognition, Lernen), soziokulturelle Faktoren (Kultur, Subkultur, Klassenzugehörigkeit), gesellschaftliche Faktoren (Familie, Bezugsgruppen, Meinungsführer, soziale Rollen) und situative Faktoren (Umfeld, Stimmung, Zeit, Kaufzweck). Der Output der Blackbox ist die aktuelle Kaufentscheidung.

Die Durchführung eines Discrete-Choice-Experiments umfasst fünf Schritte: geeignete Auswahl der Produktattribute, Spezifizierung ihrer Ausprägungen, die Erstellung des Fragebogens, Durchführung der Befragung und Schätzung des Discrete-Choice-Modells.[190] Üblicherweise ist der Entwurf des experimentellen Designs ein aufwendiger Prozess, der mithilfe von speziellen Computerprogrammen durchgeführt wird.[191] Für die vorliegende Untersuchung ist es jedoch ausreichend, zwei Produktalternativen zu konstruieren, die sich in den Haltbarkeitseigenschaften und im Preis unterscheiden. Die übrigen Produktmerkmale werden konstant gehalten. Die Konstruktion der Produktmerkmale beruht auf der Analyse von Marketingmaterial verschiedener Hersteller sowie von Daten der Stiftung Warentest. Damit ist sichergestellt, dass es sich bei den Produktalternativen um Abbilder real existierender Produkte handelt. Die Choice-Tasks enthalten eine textliche Beschreibung der zur Auswahl stehenden Modelle, wobei die Probanden sich für eine Alternative entscheiden müssen. Eine Nicht-Kauf-Option ist somit ausgeschlossen.

---

[187] Vgl. Lancaster (1971), S. 7.
[188] Vgl. Hawkins et al. (2001).
[189] Vgl. Böcker/Helm (2003), S. 155f.
[190] Vgl. Verma et al (2004).
[191] Für eine ausführliche Darstellung sei auf Louviere/Woodworth (1983) verwiesen.

5.1.3 Das Auswertungsverfahren

Aufgrund des Untersuchungsdesigns kommt als Auswertungsverfahren eine logistische Regression in Frage. Die logistische Regression wird auch als binäres Logit-Modell bezeichnet und kann in zwei Varianten unterschieden werden. Für nominal abhängige Variablen mit zwei Ausprägungen (z.B. „Ereignis tritt ein" oder „Ereignis tritt nicht ein") kann die binär-logistische Regression verwendet werden. Weist die abhängige Variable mehr als zwei mögliche Ausprägungen auf, wird auf die multinomiale logistische Regression zurückgegriffen. Der Unterschied der logistischen zur linearen Regression besteht darin, dass in der logistischen Regression die Eintrittswahrscheinlichkeit der (des) gewählten Ausprägung (Ereignisses) der abhängigen Variable geschätzt wird und nicht die Höhe der abhängigen Variablen selbst.[192] Als Voraussetzung für die Anwendung der logistischen Regressionsanalyse ist zu beachten, dass keine Multikollinarität zwischen den unabhängigen Variablen vorliegt[193] und keine Autokorrelation besteht.[194] Die Fallzahl sollte bei $n > 100$ liegen und die Anzahl der Beobachtungsfälle einer Kategorie der abhängigen Variablen sollte $n > 25$ betragen.[195] Das Ziel der binär-logistischen Regression ist die Schätzung der Parameter β_m der unabhängigen Variablen s_m, mit denen diese auf die Eintrittswahrscheinlichkeit der Ausprägung der abhängigen Variablen v_w einwirken. Gleichzeitig wird auch β_0 als Konstante für das Modell geschätzt. Es wird angenommen, dass es eine latente, nicht empirisch beobachtbare Variable z gibt, auf welche die unabhängigen Variablen s_m wirken. Diese kann eine binäre Ausprägung der abhängigen Variablen v_w erzeugen.

Die Einwirkung der unabhängigen Variablen auf die Variable z wird dabei als linear angenommen.[196] Gleichung (25) verdeutlicht diesen Zusammenhang:

$$(25) \quad z_w = \beta_0 + \sum_{j=1}^{J} \beta_j * s_{mw} + \varepsilon_w$$

mit

z = latente, nicht beobachtbare Variable,

s = Ausprägung der unabhängigen Variablen,

[192] Vgl. Backhaus et al. (2008), S. 249.
[193] Vgl Menard (2002), S. 75ff.
[194] Vgl. Aldrich/Nelson (1984), S. 49.
[195] Vgl. Hosmer/Lemeshow (2000), S. 339ff.
[196] Vgl. Kleinbaum/Klein (2002), S. 7f.

m = Index der unabhängigen Variablen (j = 1,2,...,M),

w = Index des Beobachtungsfalls (k = 1,2,...,W),

ε = Störterm.

Die von der Variablen z erzeugte binäre Ausprägung ist in Gleichung (26) dargestellt:

$$(26)\quad v_w = \begin{cases} 1\, falls\; z_w > 0 \\ 0\, falls\; z_w \leq 0 \end{cases}.$$

Dabei soll bei positiven z-Werten die Ausprägung „1" („Ereignis tritt ein") und bei negativen z-Werten die Ausprägung „0" („Ereignis tritt nicht ein") erzeugt werden. Damit die für die Variable z errechneten Werte auch eine binäre Ausprägung erzeugen können, wird die logistische Funktion (prob) in (27) als Verknüpfungsfunktion („linking function") verwendet. Sie kann Ausprägungen im Intervall zwischen Null und Eins erzeugen und zwar für beliebige z-Werte von ± ∞.[197]

$$(27)\quad prob = \frac{e^z}{1+e^z} = \frac{1}{1+e^{-z}}$$

mit e = 2,71828 (Eulersche Zahl).

Der logistische Regressionsansatz für den Eintritt des Ereignisses (v = 1) und seinem Gegenereignis (v = 0) kann daher wie in (28) formuliert aufgestellt werden:

$$(28)\quad prob_w(v) = \begin{cases} \frac{1}{1+e^{-z_w}}, v_w = 1 \\ \left(1 - \frac{1}{1+e^{-z_w}}\right) = \frac{e^{-z_w}}{1+e^{-z_w}}, v_w = 0. \end{cases}$$

Die zu errechnenden z-Werte, die als „Logits" bezeichnet werden, können aus Gleichung (25) errechnet werden, wobei angenommen wird, dass die Störterme u_k einer logistischen Verteilung folgen.

---

197 Vgl. Hosmer/Lemeshow (2000), S. 6.

Die Durchführung einer logistischen Regression umfasst insgesamt fünf Schritte, die in Abbildung 34 dargestellt sind und im Folgenden erläutert werden.[198]

Schritt 1: Modellformulierung
Schritt 2: Schätzung der logistischen Regressionskoeffizienten
Schritt 3: Beurteilung der Modellgüte
Schritt 4: Prüfung und Interpretation der Koeffizienten
Schritt 5: Prognose

Abbildung 34: Ablaufschritte der logistischen Regressionsanalyse
Quelle: Backhaus et al. (2008), S. 251.

Schritt 1: Modellformulierung

Die logistische Regression als konfirmatorisches (strukturenprüfendes) Verfahren setzt voraus, dass die Auswahl der unabhängigen Variablen aufgrund von sachlogischen und theoretischen Vorüberlegungen erfolgt. Dabei muss, wie oben beschrieben, eine ausreichend große Zahl an Beobachtungen vorliegen. Die unabhängigen Variablen, die auch als Kovariaten bezeichnet werden, können sowohl mit metrischem als auch mit nicht-metrischem Skalenniveau in die Analyse eingehen, wobei diese auch gemischt in einer Analyse auftreten können.

Schritt 2: Schätzung der logistischen Regressionsfunktion

Bei der logistischen Regression werden die Modellparameter üblicherweise mit der Maximum-Likelihood-Methode geschätzt. Ziel dieses Schätzverfahrens ist es, die Parameter β_m des logistischen Regressionsmodells, welche die Einflussgewichte der unabhängigen Variablen widerspiegeln, so zu bestimmen, dass die Wahrscheinlichkeit (Likelihood), die beobachteten Erhebungsdaten zu erhalten, maximiert wird. Die in Gleichung (28) dargestellte Beziehung lässt sich zu diesem Zweck zusammenfassen und in einer Gleichung ausdrücken:

$$(29)\quad prob_w = \underbrace{\left(\frac{1}{1+e^{-z_w}}\right)^{v_w}}_{Faktor\ A} * \underbrace{\left(1-\frac{1}{1+e^{-z_w}}\right)^{1-v_w}}_{Faktor\ B}$$

[198] Vgl. Backhaus et al. (2008), S. 248ff. sowie Frenzen/Krafft (2008), S. 630ff.

Je nach Ausprägung der empirischen Beobachtungen v_w wird für einen konkreten Fall w in Gleichung (29) entweder Faktor A oder Faktor B gleich 1. Für $v_w = 0$ wird Faktor A gleich 1 und es ergibt sich das Ergebnis $prob_w(v) = 0$, während für $v_w = 1$ der Faktor B zu 1 wird und $prob_w(v) = 1$ folgt. Die Parameter β_m sind nun so zu schätzen, dass die Wahrscheinlichkeit maximiert wird, die empirischen Beobachtungswerte ($v = 1$ bzw. $v = 0$) für möglichst alle erhobenen Fälle zu erhalten. Dabei ist zu beachten, dass die Zuweisung eines Falls zu einer bestimmten Kategorie der abhängigen Variable einer Zuordnungsvorschrift bedarf. Dazu wird in der Regel ein Wahrscheinlichkeitswert von 0.5 verwendet, d.h. für $prob_w > 0.5$ erfolgt eine Zuordnung zum Ereignis $v = 1$; entsprechend wird ein Fall bei $prob_w < 0.5$ dem Ereignis $v = 0$ zugeordnet. Um die obige Wahrscheinlichkeit für sämtliche beobachtete Fälle gleichzeitig zu maximieren, wird der Wahrscheinlichkeitssatz für unabhängige Ereignisse herangezogen, der besagt, dass sich für unabhängige Ereignisse (hier: die Beobachtungswerte der abhängigen Variable) die Wahrscheinlichkeit des gleichzeitigen Eintritts der Ereignisse durch Multiplikation der Einzelereignisse errechnet. Damit ergibt sich basierend auf Gleichung (29) die zu maximierende Zielfunktion als Produkt der Einzelwahrscheinlichkeiten, was durch die sog. Likelihood-Funktion in (30) ausgedrückt wird:

$$(30)\ Likelihood - Funktion = \prod_{w=1}^{W} \left(\frac{1}{1+e^{-z_w}}\right)^{v_w} * \left(1 - \frac{1}{1+e^{-z_w}}\right)^{1-v_w} \rightarrow max!$$

Das Maximierungsproblem kann dadurch vereinfacht werden, dass anstelle des Produktes der natürliche Logarithmus der Likelihood-Funktion betrachtet wird.

Durch Logarithmierung von (30) ergibt sich die LogLikelihood-Funktion:

$$(31)\ \ LL = \sum_{w=1}^{W} \left[v_w * ln\left(\frac{1}{1+e^{-z_w}}\right)\right] + \left[(1 - v_w) * ln\left(1 - \frac{1}{1+e^{-z_w}}\right)\right].$$

Parameterschätzungen, welche Gleichung (30) maximieren, maximieren simultan auch die LogLikelihood-Funktion.[199] Bei der Schätzung des Modells kann schrittweise vorgegangen werden, d.h. die Regressoren gehen nacheinander in die Analyse ein oder aber alle Regresso-

[199] Die meisten Statistik-Programme maximieren die Likelihood-Funktion mithilfe des Newton-Raphson-Algorithmus. Zum Ablauf der Schätzprozedur vgl. Backhaus et al (2008), S. 254.

ren werden gleichzeitig geschätzt. Wenn mit der logistischen Regression Hypothesen überprüft werden sollen, wird die letztere Methode empfohlen.[200]

Schritt 3. Beurteilung der Modellgüte

Bevor mit der Interpretation einzelner Koeffizienten begonnen werden kann, ist zunächst zu prüfen, ob das Schätzmodell der logistischen Regression insgesamt verwendbar ist. Bei der Beurteilung der Modellgüte kann nicht auf die herkömmlichen Maße und Tests der linearen Regression zurückgegriffen werden, da die Koeffizienten der logistischen Regression mit Hilfe der ML-Methode bestimmt werden. Zur Überprüfung der Modellgüte kommen im Fall einer logistischen Regression der Likelihood-Ratio-Test, die Pseudo-R^2-Statistiken von McFadden, Cox/Snell und Nagelkerke sowie die Analyse der Klassifikationsmatrix und der Hosmer-Lemeshow-Test in Frage, die im Folgenden erläutert werden.[201] Eine Übersicht der Gütemaße und deren Werte für akzeptable Modelle liefert Tabelle 7.

Beim Likelihood-Ratio-Test (LR) werden zwei Modelle geschätzt und deren LogLikelihood-Werte (LL) voneinander abgezogen. Man schätzt ein Modell unter Berücksichtigung aller erklärenden Variablen (vollständiges Modell: LL_{voll}) und zusätzlich ein anderes Modell, das nur die Konstante β_0 enthält (Nullmodell: LL_0):

$$(32)\quad LR = LL_0 - LL_{voll}\,.$$

Je größer der LR-Wert, desto größer ist der Erklärungsbeitrag der in das vollständige Modell eingeflossenen unabhängigen Variablen. Die Differenz sollte den Wert der χ^2-Verteilung für M Freiheitsgrade (M = Anzahl der unabhängigen Variablen) übersteigen, da dann von einem bedeutenden Einfluss der unabhängigen Variablen ausgegangen werden kann.

Das Pseudo-R^2 von McFadden in (33) ist folgendermaßen definiert:

$$(33)\quad McFadden\text{-}R^2 = 1 - LL_{voll}/\,LL_0\,.$$

Fallen das vollständige Modell und das Nullmodell kaum auseinander, so ist der Quotient nahe Eins und somit McFadden-R^2 nahe Null. Fallen die beiden Modelle stark auseinander,

[200] Vgl. Frenzen/Krafft (2008), S. 631.
[201] Vgl. Backhaus et al. (2008), S. 261ff.

dann wird der Quotient fast Null und McFadden-R^2 steigt auf annähernd Eins an. Dann ist davon auszugehen, dass die aufgenommenen Variablen einen bedeutenden Einfluss haben.

Cox/Snell haben ein weiteres Gütemaß entwickelt, das in (34) wiedergegeben ist. Der Wertebereich liegt zwischen Null (schlechtes Modell) und Eins (gutes Modell).

$$(34) \quad \text{Cox und Snell-}R^2 = 1 - \left[\frac{L_0}{L_{voll}}\right]^{\frac{2}{n}}$$

mit

L_0 = Likelihood des Nullmodells

L_{voll} = Likelihood des vollständigen Modells

n = Stichprobenumfang

Das Problem dieses Maßes besteht darin, dass es praktisch nicht den Wert eins annehmen kann. Deshalb hat Nagelkerke es erweitert zu (35):

$$(35) \quad \text{Nagelkerke-}R^2 = \frac{\left[\frac{L_0}{L_v}\right]^{\frac{2}{n}}}{1-(L_0)^{\frac{2}{n}}}.$$

Alle Pseudo-R^2-Statistiken werden von den gängigen Softwareprogrammen angegeben. Als weitere Möglichkeit der Beurteilung der Modellgüte ist die Analyse der Klassifikationsmatrix zu nennen. Hier vergleicht man die beobachteten mit den modellierten Klassifikationen. Alle Beobachtungen auf der Hauptdiagonalen sind korrekt klassifizierte Fälle. Bei Fällen außerhalb der Hauptdiagonalen hat das Modell die falsche Gruppenzuteilung ermittelt. Der Anteil der korrekt zugeteilten Fälle spiegelt die Güte des Modells wider und sollte höher sein als eine zufällig richtige Einsortierung. Da diese Einteilung stark von der Anzahl der Elemente pro Gruppe abhängt, muss der Anteil mit dem „proportional chance criterion“ (PCC) in (36) verglichen werden.[202]

$$(36) \quad PCC = \varphi^2 + (1-\varphi)^2$$

mit φ = relative Größe einer Gruppe.

[202] Vgl. Morrison (1969), S. 158.

Der Hosmer-Lemeshow-Test prüft mit einer χ^2-Größe die Nullhypothese, dass alle Differenzen zwischen geschätzten und beobachteten Y-Werten gleich Null sind. Dabei werden die Fälle entsprechend ihrer geschätzten Wahrscheinlichkeiten in zehn gleich große Gruppen eingeteilt und in diesen die erwarteten mit den beobachteten Häufigkeiten für das Eintreten des Ereignisses verglichen. Ein Modell kann als gut beurteilt werden, wenn dieser Test einen möglichst kleinen χ^2-Wert liefert und das Signifikanzniveau größer ist als 0.7.

Gütekriterium	Akzeptabler Wertebereich
Likelihood-Ratio-Test	Möglichst hoher χ^2-Wert; Signifikanzniveau < 5%
Mc-Faddens-R^2	Akzeptabel ab Werten größer 0.2; gut ab 0.4
Cox und Snell-R^2	Akzeptabel ab Werten größer 0.2; gut ab 0.4
Nagelkerke-R^2	Akzeptabel ab Werten größer 0.2; gut ab 0.4; sehr gut ab 0.5
Klassifikation	Klassifikation mindestens besser als $PCC = a^2 + (1-a)^2$, a = relative Größe einer Gruppe
Hosmer-Lemeshow-Test	möglichst kleiner χ^2-Wert; Signifikanzniveau > 70%

Tabelle 7: Überblick der Gütemaße und deren akzeptabler Wertebereiche
Quelle: in Anlehnung an Backhaus et al. (2008), S. 270.

Schritt 4: Prüfung und Interpretation der Koeffizienten

Wenn die Modellanpassung als akzeptabel eingestuft wird, werden im vierten Schritt die Koeffizienten hinsichtlich ihrer Signifikanz, Richtung und relativen Bedeutung geprüft und interpretiert. Im Vergleich zu den Koeffizienten einer linearen Regression sind diese jedoch erheblich schwerer zu interpretieren, da sie nicht der absoluten Änderung der abhängigen Variablen bei Erhöhung der unabhängigen Variablen entsprechen, sondern die Änderung des Logits der abhängigen Variablen bei einer Änderung der unabhängigen Variablen um eine Einheit repräsentieren.[203] Eine Interpretationserleichterung kann dadurch erreicht werden,

[203] Vgl. Aldrich/Nelson (1984), S. 41f.; Agresti (2002), S. 166.

dass nicht die Eintrittswahrscheinlichkeit Prob(v = 1) selbst, sondern ihr Verhältnis zur Gegenwahrscheinlichkeit Prob(v = 0) bzw. 1 – P(v = 1) betrachtet wird. Dieses Wahrscheinlichkeitsverhältnis gibt die Chance (Odd) an, das Ereignis v = 1 im Vergleich zum Ereignis v = 0 zu erhalten:

$$(37)\ Odds(v = 1) = \frac{prob(v=1)}{1-prob(v=1)}.$$

Die Odds entwickeln sich entsprechend der *e*-Funktion mit dem Exponenten Z (= β + $\Sigma\beta_m$ * s_{mw}).

$$prob(v = 1) = \frac{e^z}{1+e^z}$$

$$\Rightarrow prob(v = 1) * (1 + e^z) = e^z$$

$$\Rightarrow prob(v = 1) + prob(v = 1) * e^z = e^z$$

$$\Rightarrow prob(v = 1) = e^z - prob(v = 1) * e^z$$

$$\Rightarrow prob(v = 1) = e^z * (1 - prob(v = 1))$$

$$(38)\ \Rightarrow Odds\colon \frac{prob(v=1)}{1-prob(v=1)} = e^z$$

Die Odds erweitern den Wertebereich des Ereignisses v = 1 auf das Intervall [0; +∞]. Eine Wahrscheinlichkeit Prob(v = 1) = 0.8 entspricht einer Chance von 4 (= 0.8/0.2), dass das Ereignis y = 1 eintritt, während das Chancenverhältnis für Prob(v = 1) = 0.4 nur bei 0.66 (= 0.4/0.6) liegt. Werden in einem weiteren Schritt die Odds logarithmiert, wozu in der Regel der natürliche Logarithmus verwendet wird, dann ergibt sich folgender Zusammenhang:
Logits der logistischen Regression:

$$(39)\ ln\left\{\frac{prob(v=1)}{1-prob(v=1)}\right\} = z\ln(e) \Rightarrow ln\left\{\frac{prob(v=1)}{1-prob(v=1)}\right\}$$
$$= \beta_0 + \sum_{m=1}^{M} \beta_m * s_{mw} + \varepsilon_w\,.$$

Die Logits entsprechen der aggregierten Einflussstärke Z. Sie stellen eine Linearkombination der unabhängigen Variablen dar und erlauben damit eine Interpretation analog zur linearen Regressionsanalyse. Der Wertebereich der Logits ist auf das Intervall [-∞; +∞] ausgedehnt, da der natürliche Logarithmus für Werte zwischen Null und Eins negativ wird.

Die Überlegungen verdeutlichen, dass die Regressionskoeffizienten, die Logits und die Odds exakt den gleichen Sachverhalt beschreiben: Anhand des Vorzeichens der Regressionskoeffizienten kann deren Wirkungsrichtung direkt interpretiert werden; negative Vorzeichen bedeuten, dass die Wahrscheinlichkeit $Prob_w$ sinkt, während ein positives Vorzeichen eine steigende Wahrscheinlichkeit impliziert. Die Einflussstärke der unabhängigen Variablen lässt sich mithilfe der Odds über die sog. Odds ratio ermitteln, die auch als Effektkoeffizienten bezeichnet werden. Erhöht sich eine unabhängige Variable um eine Einheit ($s_m + 1$), so vergrößert sich das Chancenverhältnis (Odds) um den Faktor $e^{\beta m}$. Die Wirkung des Effekt-Koeffizienten $e^{\beta m}$ bei Erhöhung der Variablen s_m um eine Einheit lässt sich anhand der Odds ($= e^Z$) wie folgt verdeutlichen:

$$\begin{aligned} & e^{\beta_0+\beta_1*(s+1)} = e^{\beta_0} * e^{\beta_1 * s} * e^{\beta_1} \\ (40) \qquad & = \left(e^{\beta_0+\beta_1*s}\right) * e^{\beta_1} \\ & = Odds * e^{\beta_1} \end{aligned}$$

Um die Signifikanz der berechneten Regressionskoeffizienten zu überprüfen, kann zum einen die Wald-Statistik und zum anderen der Likelihood-Quotienten-Test verwendet werden. Das Konfidenzintervall der einzelnen Koeffizienten kann aufgrund der χ^2-verteilten Wald-Statistik bestimmt werden, die sich aus dem Quadrat des Quotienten von Koeffizient und Standardfehler einer Variablen errechnet. Diese Formel gilt jedoch nur für metrisch skalierte Variablen mit einem Freiheitsgrad. Für kategoriale Variablen muss zusätzlich die Zahl der Variablen-Freiheitsgrade berücksichtigt werden. Beim Likelihood-Quotienten-Test wird das vollständige Modell gegen ein reduziertes Modell getestet, das gegenüber dem vollständigen Modell um die zu überprüfende Variable reduziert ist. Die Signifikanzprüfung erfolgt über die Differenz der Devianzen beider Modelle, die wiederum einer χ^2-Verteilung folgt. Für eine bessere Interpretation der Koeffizienten sollten diese standardisiert werden.[204]

Schritt 5: Prognose

Die logistische Regression kann auch zu Prognosezwecken eingesetzt werden. Wenn eine insgesamt akzeptable Schätzung vorliegt, kann diese einer Validierung mit Hilfe eines Holdout-Samples dienen. Dabei ist bei der Stichprobenteilung darauf zu achten, dass das Verhältnis der Gruppen in der Analyse- und Validierungsstichprobe möglichst gleich ist. Die ermit-

[204] Vgl. Menard (2002), S. 42.

telte Funktion kann auch zur Beurteilung von Objekten verwendet werden, die nicht Gegenstand der Untersuchung gewesen sind, sondern auf Basis der empirischen Beobachtungen einer Gruppe zugeordnet werden sollen.

5.2 Spezielle Aspekte der Datenerhebung

5.2.1 Auswahl der Produkte

Bei der Auswahl der Produkte gilt es zu berücksichtigen, dass Hypothese 3 auf die Produktkomplexität bezogen ist. Daher müssen mindestens zwei Produkte ausgewählt werden, die sich in ihrer Komplexität unterscheiden. Darüber hinaus wird durch den Einbezug mehrerer Produkte die externe Validität verbessert, da sich dadurch die Möglichkeit eröffnet, produktübergreifende Vergleiche der abgeleiteten Handlungsempfehlungen bezüglich der Strategiewahl vorzunehmen.

Weiterhin ist es erforderlich, dass die Produkte den Probanden bekannt sind, da nur so etwaig wirksam werdende Effekte unterschiedlicher Produktkenntnisse der Befragten auf ihr Antwortverhalten weitestgehend ausgeschlossen werden können. Das gleiche gilt für das Verwendungsverhalten. Hinzu kommt, dass die Produkte unterschiedliche Grade an Verwendungssorgfalt zulassen müssen. So kann das Pflege- und Wartungsverhalten in Form einer regelmäßigen Reinigung eines Fahrrads die Lebensdauer bestimmter Bauteile und damit des Fahrrads insgesamt erhöhen.

Bei der Auswahl der Produkte ist vor allem zu berücksichtigen, dass die Produkte innerhalb einer Produktkategorie bezüglich des Merkmals Haltbarkeit eine große Spannweite aufweisen. Als Anhaltspunkt zur Definition und Eingrenzung potentiell geeigneter Produkte dienen die Erkenntnisse des empirischen Befundes aus Kapitel 2.1. Die Auswertung der Daten der Stiftung Warentest hat ergeben, dass in den Produktkategorien Haushaltsgeräte, Werkzeug und Gartengeräte sowie Fahrräder offensive und defensive Hersteller unterschieden werden können. Mit Hinblick auf die Bestandszahlen von Waschmaschinen und Fahrrädern fällt die Wahl auf diese beiden Produkte. In mehr als 87% der deutschen Haushalte ist eine Waschmaschine vorhanden.[205] Nach Angaben des Zweirad-Industrie-Verbandes (ZIV) liegt der

[205] o. V.: ZVEI, Zahlenspiegel des deutschen Elektro-Hausgerätemarkts 2009/10, (2009).

Fahrradbestand in Deutschland bei etwa 68 Millionen.[206] Beide Produkte erfüllen damit die Anforderung einer hohen Produktbekanntheit. Waschmaschinen und Fahrrädern als zu untersuchende Produkte weisen die erforderlichen Unterschiede in Bezug auf die Produktkomplexität auf. Waschmaschinen sind im Vergleich zu Fahrrädern deutlich komplexer, was sich vor allem in der Konstruktion und dem Reparaturaufwand niederschlägt.

Angesichts der zugrunde gelegten Forschungsfrage müssen sich für die Produkte möglichst realitätsnahe Varianten beschreiben lassen, die jeweils ein offensiv bzw. defensiv haltbares Produkt darstellen. Beide Produkte eignen sich sehr gut für die Konstruktion offensiver und defensiver Varianten. Bei Waschmaschinen wird eine hohe Haltbarkeit durch eine Zusatzausstattung, die einzelne Bauteile betrifft, erreicht. Diese Zusatzausstattung kann beinhalten, dass ein Laugenbehälter aus Edelstahl eingebaut wird, der mit Graugussgewichten stabilisiert wird. Ein Laugenbehälter aus Edelstahl besitzt keine belasteten Schweißstellen, während Graugussgewichte im Gegensatz zu herkömmlichen Beschwerungen wie Beton- oder Metallklötzen, eine größere Widerstandsfähigkeit gegenüber Rissen aufweisen. Erfüllt eine Beschwerung der Waschmaschine ihren Zweck nicht mehr, kann sie durch starke Vibrationen beim Waschen mitunter schwer beschädigt werden, so dass die Trommelachse durch die Rückwand austritt. Des Weiteren umfasst die Zusatzausstattung eines offensiv ausgerichteten Herstellers den Einbau einer Waschtrommel mit kleinen Löchern. Durch die wenigen kleinen Löcher der Trommel können keine größeren Fremdkörper in die Laugenpumpe eindringen. In Verbindung mit einer derartigen Waschtrommel ist die Laugenpumpe wartungsfrei.

Bei Fahrrädern können analog Haltbarkeitseigenschaften identifiziert werden, die eine offensive Haltbarkeitsstrategie kennzeichnen. Im Gegensatz zu einem defensiv haltbaren Fahrrad kann das Fahrrad eines offensiv ausgerichteten Herstellers folgende zusätzliche Merkmale besitzen: Der Rahmen ist aus einer Aluminium-Titan-Legierung gefertigt. Eine Aluminium-Legierung mit einer Spur Titan, auch als Titanal bezeichnet, erhöht die Robustheit des Fahrradrahmens und schützt so besser vor Rahmenbrüchen. Daneben erhöhen durchgehende Schweißnähte die Festigkeit eines Rahmens. Sind die Schweißnähte nicht durchgehend, kann es zu Rissen kommen, die zu einem Bruch führen. Die Vorderbremse wird hinter der Gabel eingebaut, was den Verschleiß der Bremse deutlich reduziert. Wichtig ist dabei auch, dass die

[206] o. V.: ZIV, Marktdaten, (2008).

Bremsklötze auf das jeweilige Felgenmaterial abgestimmt sind. Werden Bremsklötze für Stahlfelgen an ein Fahrrad mit Aluminiumfelgen montiert, werden die Felgen angegriffen und können reißen. Außerdem kann durch einen im Pulverbeschichtungsverfahren lackierten Rahmen dessen Korrosions- und Witterungsbeständigkeit sowie die Schlagfestigkeit und Robustheit erhöht werden. Einen wichtigen Beitrag zur Lebensdauer eines Fahrrades leisten die Schaltelemente. Stammen alle Schaltelemente von einem Hersteller, ist die Schaltung besser abgestimmt und in der Regel von einer höheren Lebensdauer. Schaltelemente aus Titan gewährleisten eine dabei eine höhere Lebensdauer. Bei defensiv haltbaren Fahrrädern werden oftmals die weniger sichtbaren Teile durch No-Name-Produkte ersetzt.

Entsprechend dieser Ausführungen wird den Probanden jeweils eine offensiv und eine defensiv haltbare Variante eines Produktes vorgelegt, die in den grundlegenden technischen Merkmalen identisch sind und sich in der lebensdauererhöhenden Zusatzausstattung unterscheiden. Die ausführlich formulierten Situationsbeschreibungen können Tabelle 8 entnommen werden.

Die Probanden erhalten die oben beschriebenen Zusatzinformationen zu der Haltbarkeitsausstattung und werden dann aufgefordert, sich für ein Modell zu entscheiden.

Situationsbeschreibung	
Produkt „Waschmaschine“	Produkt„Fahrrad“
Angenommen, Sie wollen sich eine Waschmaschine kaufen und haben schließlich noch zwei Geräte zur Auswahl, zwischen denen Sie sich entscheiden müssen. **Technische Daten zu Modell 1** Energieeffizienzklasse: A A (niedriger Verbrauch) bis G (hoher Verbrauch) Waschwirkungsklasse: A A (niedriger Verbrauch) bis G (hoher Verbrauch) Schleuderwirkungsklasse: B, max. Schleuderdrehzahl: 1400 U/min A (hohe Schleuderwirkung) bis G (geringe Schleuderwirkung) Einfüllmenge: 5,0 kg Wasserverbrauch: 44l Das zweite Modell ist bezüglich der technischen Daten (Energieeffizienzklasse, Waschwirkung- und Schleuderwirkungsklasse sowie Einfüllmenge und Wasserverbrauch) identisch mit Modell 1. Modell 2 besitzt eine Zusatzausstattung, die für eine hohe Lebensdauer sorgen soll. **Zusatzausstattung** Der Laugenbehälter, der die Waschtrommel bei Modell 2 umschließt, ist aus Edelstahl und mit Graugussgewichten stabilisiert. Die Waschtrommel hat nur wenige Löcher und verhindert so, dass größere Fremdkörper in die Laugenpumpe gelangen. Zusätzlich ist die Oberfläche von Modell 2 emailliert. **Der Preis für Modell 1 beträgt 600 €, für Modell 2 würden zusätzlich 350 € fällig. Relativ zum Kaufpreis von Modell 1 sind dies etwa 58%.**	**Angenommen, Sie wollen sich ein Fahrrad kaufen und haben schließlich noch zwei Modelle zur Auswahl, zwischen denen Sie sich entscheiden müssen.** **Technische Daten zu Modell 1** Rahmen: Aluminium Rahmen Schaltung: 24-Gang-Schaltung Bremsen: V-Brake vorne und hinten Gabel: Aluminium-Gabel Felgen: Aluminium-Hohlkammerfelgen Sattel: gefederte Sattelstütze mit Schnellspanner Das zweite Modell ist bezüglich der grundlegenden technischen Daten identisch mit Modell 1. Modell 2 besitzt eine Zusatzausstattung, die für eine hohe Lebensdauer sorgen soll. **Zusatzausstattung** Der Alu-Rahmen von Modell 2 ist aus einer Aluminium-Titan-Legierung und besitzt durchgehende Schweißnähte. Alle Elemente der Schaltung sind von einem Hersteller. Die Radkränze sowie die Naben sind aus Titan. Die Vorderbremse ist bei Modell 2 hinter der Gabel montiert, was ein Flattern und Quietschen beim Bremsen verhindert und damit den Verschleiß reduziert. Die Bremsklötze sind auf die Alu-Felgen abgestimmt. Zusätzlich ist der Rahmen des Modells 2 mit einem speziellen Pulverbeschichtungsverfahren versiegelt. **Der Preis für Modell 1 beträgt 250 €, für Modell 2 würden zusätzlich 400 € fällig. Relativ zum Kaufpreis von Modell 1 sind dies etwa 160%.**

Tabelle 8: Beschreibung der Entscheidungsalternativen

5.2.2 Operationalisierung der unabhängigen Variablen

5.2.2.1 Risikowahrnehmung

Legt man bei einer Operationalisierung der Risikowahrnehmung das Rationalitätsprinzip zugrunde, dann müsste ein Konsument alle möglichen Schäden einer Bewertung nach Schwere und Eintrittswahrscheinlichkeit unterziehen. Da ein solches Vorgehen nicht möglich ist, stellt sich die Frage, ob bei der Ermittlung der Schadenswahrnehmung Schäden vorgegeben werden sollen, oder ob die Probanden selber mögliche Schäden nennen und diese bewerten. Die letztere Methode weist neben dem Vorteil, dass nur solche Schäden genannt und bewertet werden, die tatsächlich wahrgenommen werden, jedoch auch eine Reihe von Nachteilen auf. Zum einen könnten die Probanden nur wenige Schadensarten angeben, obwohl sie unterbewusst weitere Schäden gespeichert haben, die sie aber nicht abrufen oder artikulieren können. Andererseits ist die Schadenswahrnehmung vom individuellen Schadensspektrum abhängig. Falls eine Person nur leichte Schäden wahrnimmt, wird sie einige Schadensarten als schwer beurteilen und andere nicht. Das gleiche gilt für eine Person, die nur schwerwiegende Schadensarten wahrnimmt. Beide Personen geben auf der Skala ähnliche Werte an, obwohl sie sich hinsichtlich des Niveaus der Schadenswahrnehmung beträchtlich unterscheiden. Das hat zur Folge, dass die Operationalisierung zu falschen Ergebnissen führt. Demnach werden Schadensarten vorgegeben. Jedem Probanden liegt damit ein identisches Gefahrenspektrum vor, das bezüglich der Schadenswahrscheinlichkeit und -schwere beurteilt werden soll. Im Gegensatz zum Konstrukt Streben nach Haltbarkeit wird die Schadenswahrnehmung produktspezifisch ermittelt. Wie in Tabelle 9 ersichtlich werden den Probanden jeweils fünf Schadensarten vorgegeben, die nach ihrer Schwere und Häufigkeit des Eintritts beurteilt werden sollen.

Konstrukt	Produkt	Item	Skala
Risikowahrnehmung	Fahrrad	Riss bzw. Bruch des Fahrradrahmens	5-Punkte-Skala mit Endpunkten „sehr hoher … sehr geringer Schaden“ bzw. mit den Endpunkten „sehr häufiger … sehr seltener Schaden“
		‘platter‘ Reifen	
		Rostbildung am Fahrrad	
		verzogene Felge – ‘Achter‘ in der Felge	
		Schäden an den beweglichen Teilen (Bremsen, Schaltung)	
	Waschmaschine	Schäden an der Elektronik	
		Türverschluss funktioniert nicht mehr	
		Riss in der Gummimanschette	

Tabelle 9: Operationalisierung des Konstrukts Risikowahrnehmung

5.2.2.2 Streben nach Haltbarkeit

Die produktspezifische Wichtigkeit der Haltbarkeit wird über eine Rating-Skala erfasst. Die Probanden werden aufgefordert, neun Produkteigenschaften gemäß ihrer Wichtigkeit zu beurteilen. Für die wichtigste Eigenschaft sollen neun Punkte vergeben werden, die unwichtigste Eigenschaft erhält einen Punkt.

<table>
<tr><th>Produkt</th><th>Eigenschaft</th><th>Skala</th></tr>
<tr><td rowspan="9">Fahrrad</td><td>Preis</td><td rowspan="18">9-Punkte-Skala mit den Endpunkten „wichtigste … unwichtigste Eigenschaft“</td></tr>
<tr><td>Technische Ausstattung</td></tr>
<tr><td>Gewicht</td></tr>
<tr><td>Lebensdauer</td></tr>
<tr><td>Sportlichkeit</td></tr>
<tr><td>Verkehrssicherheit</td></tr>
<tr><td>Fahrkomfort</td></tr>
<tr><td>Reparaturfreundlichkeit</td></tr>
<tr><td>Service/Kundendienst</td></tr>
<tr><td rowspan="9">Waschmaschine</td><td>Strom- und Wasserverbrauch</td></tr>
<tr><td>Preis</td></tr>
<tr><td>Betriebslautstärke</td></tr>
<tr><td>Lebensdauer</td></tr>
<tr><td>Schleuderleistung</td></tr>
<tr><td>Spezielle Waschprogramme</td></tr>
<tr><td>Waschleistung</td></tr>
<tr><td>Umweltaspekte</td></tr>
<tr><td>Service/Kundendienst</td></tr>
</table>

Tabelle 10: Operationalisierung des Strebens nach Haltbarkeit

5.2.2.3 Verwendungssorgfalt

Die Operationalisierung des Konstruktes Verwendungssorgfalt berücksichtigt das Verhalten in der Verwendungsphase, wobei das Vorsichtsverhalten mit dessen Komponenten das Reparatur- und Pflegeverhalten herangezogen wird. Die Tabellen 11 und 12 geben die produktspezifisch formulierten Items an.

Konstrukt	Produkt	Item	Skala
Verwendungs-sorgfalt	Fahrrad	„Ich überprüfe das Fahrrad unregelmäßig auf Rost- und Rissstellen und kontrolliere das Reifenprofil."	5-Punkte-Skala mit Endpunkten „trifft voll zu … trifft gar nicht zu"
		„Ich reinige und pflege das Fahrrad regelmäßig, einschließlich Bremsen und Kette."	
		„Während der Fahrt mache ich mir keine Gedanken über den optimalen Schaltzeitpunkt."	
		„Wenn ich bemerke, dass mit dem Fahrrad etwas nicht in Ordnung ist, dann bemühe ich mich um eine sofortige Reparatur."	

Tabelle 11: Operationalisierung der Verwendungssorgfalt für das Produkt „Fahrrad"

Konstrukt	Produkt	Item	Skala
Verwendungs-sorgfalt	Waschmaschine	„Bevor ich die Waschmaschine zum ersten Mal benutze, mache ich mich zunächst mit dem Gerät und seinen Eigenschaften vertraut, z.B. durch das Probieren der Schalterfunktionen.“	5-Punkte-Skala mit Endpunkten „trifft voll zu … trifft gar nicht zu“
		„Bevor ich die Waschmaschine befülle, achte ich nicht darauf, ob sich noch Fremdkörper (Kleingeld, Taschentücher u.Ä.) in der Kleidung befinden.“	
		„Wenn ich bemerke, dass mit der Maschine etwas nicht in Ordnung ist, dann bemühe ich mich um eine sofortige Reparatur.“	
		„Bei der Beladung halte ich mich nicht an die vom Hersteller angegebene maximale Beladungsmenge.“	
		„Ich benutze regelmäßig die Programme zur Kalt- (bis 40°C) <u>und</u> Heißwäsche (ab 60°C).“	

Tabelle 12: Operationalisierung der Verwendungssorgfalt für das Produkt „Waschmaschine“

5.2.2.4 Zeitpräferenz

Für die Messung der Zeitpräferenz stehen mehrere Methoden zur Verfügung, die verschiedentlich in etwa fünfzig Studien, die in den letzten drei Jahrzehnten durchgeführt worden sind, Anwendung finden.[207] In einigen dieser Studien erfolgt die Ermittlung der Zeitpräferenzrate mithilfe von Wahlexperimenten. Die Probanden sollen sich zwischen zwei Gütern (z.B. Haushaltsgeräte) entscheiden, die sich dadurch auszeichnen, dass sie unterschiedlich hohe Anschaffungs- und Betriebskosten aufweisen.

Andere Studien verwenden wiederum eine direktere Abfrage der Zeitpräferenz. Die Probanden sind aufgefordert, sich zwischen zwei Auszahlungsbeträgen zu entscheiden, die sie entweder heute oder zu einem späteren Zeitpunkt erhalten, z.B. „Würden Sie sich lieber heute 100$ oder in einem Jahr 150$ auszahlen lassen?“ Die letztere Methode findet auch in einer leicht abgewandelten Form Anwendung. Anstelle einer Entscheidung zwischen zwei Beträgen, sollen die Probanden von sich aus einen Geldbetrag nennen, zu dem sie bereit wären, eine heutige Auszahlung um einen gewissen Zeitraum zu verschieben. Thaler lässt die Probanden einen Betrag nennen, den sie verlangen würden, um die heutige Auszahlung von 15$/250$/3000$ um drei Monate/ein Jahr/drei Jahre zu verschieben.[208]

Es gibt keine Untersuchungen darüber, welche Methode für die Ermittlung der Zeitpräferenzrate am besten geeignet ist. Allerdings ist in der neueren Forschung eine starke situationale Abhängigkeit der Zeitpräferenz belegt worden.[209] Das Konstrukt der Zeitpräferenz kann daher nicht als Persönlichkeitsvariable aufgefasst werden, sondern schwankt bei einer Person je nach Situation stark. Es ist somit sinnvoll, die Zeitpräferenz möglichst eng an die interessierende Situation angelehnt zu erheben.[210] Vor diesem Hintergrund wird für die Messung der Zeitpräferenz ein Wahlexperiment durchgeführt. Diese Methode ist auch deswegen geeignet, da für die zugrunde gelegte Forschungsfrage nicht eine exakte Bestimmung der Zeitpräferenzrate erforderlich ist, sondern die Probanden lediglich danach eingeteilt werden sollen, ob sie eine hohe oder niedrige Zeitpräferenzrate aufweisen.

---

[207] Vgl. Frederick et al. (2002), S. 377ff.
[208] Vgl. Thaler (1981), S. 204.
[209] Vgl. z.B. Loewenstein/Elster (1992).
[210] Vgl. Ernst et al. (1996), S. 14.

Analog zu der Untersuchung von Liebermann/Ungar werden den Probanden zwei Waschmaschinen- bzw. Fahrradmodelle beschrieben, die jeweils bis auf den Anschaffungspreis P und die Folgekosten C (z.B. Betriebskosten, Reparaturkosten etc.) identisch sind.[211] Für die Modelle, die als A und B bezeichnet werden, gilt $P_A > P_B$ sowie $C_A < C_B$. Eine Person, die Modell A wählt, ist bereit zum heutigen Zeitpunkt höhere Ressourcen aufzuwenden, um dafür in der Zukunft die Vorteile geringerer Folgekosten zu genießen. Entscheidet sich eine Person hingegen für Modell B, zahlt sie einen geringeren Anschaffungspreis, muss jedoch höhere Folgekosten in Kauf nehmen. Die Überlegung, die dahinter steht, ist die, dass im Falle ansonsten identischer Güter, die Entscheidung zwischen Modell A und B von der Zeitpräferenzrate des Entscheiders abhängt. Der Konsument i hat eine Zeitpräferenzrate in Höhe von r_i und ist indifferent zwischen den angebotenen Alternativen, wenn der Preisunterschied genau der über einen gewissen Zeitraum T diskontierten Differenz in den Folgekosten entspricht:

$$(41) \quad P_A - P_B = \sum_{t=1}^{T} \frac{C_B - C_A}{(1+\gamma_0)^t}.$$

Bei einer Zeitpräferenzrate in Höhe von γ_0 ist der Entscheider indifferent zwischen den beiden Alternativen, d.h. Konsumenten, für die $\gamma < \gamma_0$ gilt, entscheiden sich für Modell A. Die Wahl von Konsumenten mit $\gamma > \gamma_0$ fällt auf Modell B.

Aus diesen Überlegungen leitet sich die in Tabelle 13 dargestellte Operationalisierung der Zeitpräferenz ab.

Die Zeitpräferenzrate, bei der Indifferenz zwischen den beiden Alternativen herrscht, beträgt bei beiden Produkten $\gamma_0 \approx 8\%$ mit T = 10 Jahre. Aufgrund der Entscheidung zwischen den dargestellten Modellen lassen sich die Konsumenten entsprechend ihrer Zeitpräferenzrate klassifizieren: Konsumenten, die das Modell A wählen, weisen eine geringe Zeitpräferenz auf, während sich die Konsumenten, die sich für Modell B entscheiden, durch eine hohe Zeitpräferenz auszeichnen.

[211] Vgl. Liebermann/Ungar (1997), S. 227f.

Zeitpräferenz	
Produkt „Waschmaschine“	Produkt „Fahrrad“
Beim Kauf und Verwendung vieler haltbarer Güter entstehen neben den Kosten für die Anschaffung auch Folgekosten, z.B. Betriebs- und Energiekosten sowie Kosten für Wartung und Reparatur. Stellen Sie sich nun vor, Sie stünden wieder vor der Entscheidung zwischen zwei Waschmaschinen. Modell A hat einen hohen Anschaffungspreis, aber geringe Folgekosten im Gegensatz zu Modell B, das sich durch einen niedrigen Anschaffungspreis, aber höhere Folgekosten im Zeitablauf auszeichnet. Modell / Anschaffungspreis / monatl. Folgekosten A / 950 € / 3.50 € B / 600 € / 7.50 € **Für welches Modell würden Sie sich entscheiden?**	Beim Kauf und Verwendung vieler haltbarer Güter entstehen neben den Kosten für die Anschaffung auch Folgekosten, z.B. Kosten für Wartung und Reparatur. Stellen Sie sich nun vor, Sie stünden wieder vor der Entscheidung zwischen zwei Fahrrädern. Modell A hat einen hohen Anschaffungspreis, aber geringe Folgekosten im Gegensatz zu Modell B, das sich durch einen niedrigen Anschaffungspreis, aber höhere Folgekosten im Zeitablauf auszeichnet. Modell / Anschaffungspreis / monatl. Folgekosten A / 650 € / ca. 2.50 € B / 250 € / ca. 6.50 € **Für welches Modell würden Sie sich entscheiden?**

Tabelle 13: Operationalisierung der Zeitpräferenz

5.2.2.5 Verwendungsintensität

Bei der Abfrage der Verwendungsintensität sind die Probanden dazu aufgefordert, anzugeben, wie oft sie ihre Waschmaschine in der Woche benutzen bzw. wie viele Kilometer sie wöchentlich mit dem Fahrrad zurücklegen (vgl. Tabelle 14).

Verwendungsintensität	
Produkt „Waschmaschine“	Produkt „Fahrrad“
Wie viele Male benutzen Sie Ihre Waschmaschine pro Woche? Skala 1 – „einmal wöchentlich“ 2 – „zweimal wöchentlich“ 3 – „dreimal wöchentlich“ 4 – „viermal wöchentlich“ 5 – „fünfmal o. mehr wöchentlich“ 99 – „besitze keine Waschmaschine“	Wie viele Kilometer legen Sie wöchentlich mit dem Fahrrad zurück? Skala 1 – „0 - 5km“ 2 – „6 - 10km“ 3 – „11 - 20km“ 4 – „21 - 30km“ 5 – „mehr als 30km“ 99 – „besitze kein Fahrrad“

Tabelle 14: Operationalisierung Verwendungsintensität

5.2.3 Skalierung

In der Konsumentenverhaltensforschung wird die Ratingskala mit Abstand am häufigsten verwendet. Obwohl das zugrunde gelegte Skalenniveau im strengen Sinne ordinalskaliert ist, kann unter der Annahme, dass die semantischen Abstände entweder sämtlich gleich sind oder zumindest subjektiv so eingeschätzt und interpretiert werden, eine Ratingskala als Intervallskala angesehen werden. Dies wird dadurch erreicht, dass jeder Antwortkategorie ein numerischer Wert zugeordnet wird, wodurch die Rating-Skala die Eigenschaften einer Intervallskala annimmt und entsprechende Behandlung erfährt.

Um das Problem der Gleichgerichtetheit im Antwortverhalten der Probanden zu umgehen, das sich vor allem bei monoton positiv bzw. negativ formulierten Items ergibt[212], werden sowohl positive als auch negative Itemformulierungen gewählt. Eine weitere Schwierigkeit bei der Skalierung betrifft die Entscheidung bezüglich der Anzahl der je Skala angegebenen Antwortkategorien. Hierbei haben sich Fünfer- und Sechser-Skalen hinsichtlich der Reliabilität und Validität in Studien als optimal erwiesen.[213] Bei einer geringen Zahl von möglichen Antwortkategorien kommt es, im Gegensatz zu einer Vorgabe vieler Antwortkategorien, nicht zu einer mentalen Überforderung und Überrationalisierung der Probanden.

Darüber hinaus muss entschieden werden, ob eine gerade oder ungerade Zahl von Skalenwerten vorgegeben wird. Eine gerade Anzahl von Skalenwerten beugt einem möglichen Zentralitätseffekt vor, der darin besteht, dass Probanden extreme Beurteilungen zugunsten gemäßigter Einschätzungen vermeiden.[214] Zum anderen entfällt bei einer geraden Zahl an Skalenwerten die uneindeutige Interpretation des Mittelpunktes bei zweipoligen Ratingskalen, die entweder Indifferenz, Ambivalenz oder auch Nichtwissen bzw. das Fehlen einer eigenen Meinung ausdrücken kann.[215] Unter Berücksichtigung dieser Probleme werden die Ratingskalen für die Untersuchung konstruiert. Die Indikatoren für die Konstrukte Risikowahrnehmung und Verwendungssorgfalt werden mit einpoligen Skalen verknüpft, so dass Fünfer-Skalen als ausreichend erachtet werden.

---

[212] Vgl. Kroeber-Riel et al. (2009), S. 193.
[213] Vgl. Asche (1990), S. 112.
[214] Vgl. Hammann/Erichson (1994), S. 275.
[215] Ebd., S. 275.

5.2.4 Aufbau und Umfang des Fragebogens

In den der Untersuchung zugrunde gelegten einheitlich gestalteten zwei Fragebogenversionen kommen durchweg standardisierte und geschlossene Fragen zum Einsatz. Trotz der Problematik bei der Verwendung von geschlossenen Fragen[216] ergeben sich bei dieser Vorgehensweise zwei Vorteile: Zum einen verringert sich der Codierungsaufwand der Probandenreaktionen, zum anderen gewährleistet die Vorgabe von Anwortkategorien die Vergleichbarkeit der Antworten unterschiedlicher Probanden sowie deren unproblematische statistische Auswertung. Mit dem Ziel einer übersichtlichen Gestaltung des Fragebogens wird dieser in inhaltlich verschiedene Teile zerlegt.[217] Um eine Verallgemeinerung der Ergebnisse zu ermöglichen, wird die Befragung für zwei Produkte (Fahrräder, Waschmaschinen) durchgeführt, wobei die Fragebögen nahezu identisch sind und sich nur durch produktspezifische Anpassungen unterscheiden. Jeder Proband wird nur zu einem Produkt befragt, da sich der Fragebogenumfang andernfalls erheblich erhöht und die Gefahr besteht, dass die Befragten aufgrund sehr ähnlicher aufeinanderfolgender Fragen Langeweile empfinden.

Im Anschluss an die Abfrage der soziodemografischen Merkmale Geschlecht, Alter, Bildung und Einkommen werden die Probanden aufgefordert, anzugeben, wie oft sie ihre Waschmaschine pro Woche nutzen bzw. wie viele Kilometer sie wöchentlich mit dem Fahrrad zurücklegen. Darauf werden die Probanden mit der Wahlsituation zwischen einem offensiv und einem defensiv haltbaren Produkt konfrontiert und sollen sich für eines der beschriebenen Modelle entscheiden. Unmittelbar darauf werden die Probanden aufgefordert, eine zweite Wahl zu treffen, welche die Ermittlung der Zeitpräferenz ermöglicht. Danach erfolgt die Präsentation von unterschiedlichen Schadensarten, die gemäß ihrer Schwere und der Häufigkeit mit der sie eintreten, von den Probanden zu beurteilen sind. Anschließend sind die Probanden dazu aufgefordert, ihre Meinung gegenüber verschiedenen Items zu äußern, die das Verwendungsverhalten betreffen. Zum Abschluss wird in beiden Fragebogenversionen die produktspezifische Wichtigkeit des Merkmals Haltbarkeit erhoben. Die Probanden sollen dazu insgesamt neun Produkteigenschaften hinsichtlich ihrer Wichtigkeit beim Produktkauf bewerten.

---

[216] Vgl. hierzu z.B. Klinger (1998), S. 177.
[217] Vgl. dazu Anhang B, S. 175ff.

6 Ergebnisse der empirischen Untersuchung

6.1 Deskriptive Analyse und vorbereitende Auswertungen

Insgesamt liegen 630 ausgefüllte Fragebogen vor, von denen 538 in die Befragung einbezogen werden. Die übrigen Fragebögen sind entweder nicht vollständig ausgefüllt worden oder aufgrund der Ergebnisse einer Analyse der Bearbeitungsdauer ausgeschlossen worden.

Die Gesamtstichprobe teilt sich auf zwei Unterstichproben (Waschmaschinen-Fragebogen: n = 268 sowie Fahrrad-Fragebogen: n = 270) auf. Die nachfolgende Tabelle gibt die deskriptive Analyse der soziodemografischen Variablen in den Unterstichproben wieder.

In der Waschmaschinen-Stichprobe entscheiden sich 102 Personen (38.5%) für das Offensivmodell, während 166 Personen (61.5%) das defensiv haltbare Modell wählen. In der Fahrrad-Stichprobe wird das offensiv haltbare Modell von 112 Probanden (41.5%) gewählt, wohingegen sich 158 (58.5%) für das Defensivmodell entscheiden.

Produkt	Waschmaschine	Fahrrad
Geschlecht		
männlich	134 (50.0%)	138 (51.1%)
weiblich	134 (50.0%)	132 (48.9%)
Σ	*268 (100%)*	*270 (100%)*
Alter		
bis 29 Jahre	45 (16.2%)	54 (20.0%)
29 – 49 Jahre	119 (44.4%)	121 (44.8%)
50 Jahre und älter	104 (38.8%)	95 (35.2%)
Σ	*268 (100%)*	*270 (100%)*
Bildung		
Haupt-/Volksschule	99 (36.9%)	108 (40.0%)
mittlere Reife	100 (37.3%)	96 (35.6%)
(Fach-) Abitur	34 (12.7%)	30 (11.1%)
abgeschl. Studium	35 (13.1%)	36 (13.3%)
Σ	*268 (100%)*	*270 (100%)*
Einkommen		
unter 500 €	5 (1.9%)	6 (2.0%)
500-1000 €	32 (11.9%)	24 (8.9%)
1001-2000 €	94 (35.1%)	81 (30.0%)
2001-3000 €	78 (29.1%)	93 (34.4%)
3001-4000 €	34 (12.7%)	44 (16.3%)
über 4000 €	25 (9.3%)	22 (8.2%)
Σ	*268 (100%)*	*270 (100%)*

Tabelle 15: Deskriptive Analyse der Soziodemographika

6.2 Reliabilitäts- und Validitätsprüfungen

Für sämtliche Konstrukte liegen mehrere Items als Indikatoren vor, was eine Prüfung der Reliabilität mithilfe eines Tests auf interne Konsistenz ermöglicht. Zur Berechnung der internen Konsistenz aller ein Konstrukt repräsentierenden Indikatoren wird im vorliegenden Fall der Cronbach-alpha-Koeffizient (auch alpha-Koeffizient genannt) herangezogen. Der Wertebereich von Cronbachs alpha liegt zwischen Null und Eins. Je größer die Korrelationen zwischen den Items ausfallen, desto näher rückt Cronbachs alpha an seinen Maximalwert. Dem alpha-Koeffizienten wird in der Literatur eine hohe Bedeutung zugesprochen, wie sich u.a. in einem Beitrag von Churchill zur Messung von Marketingkonstrukten zeigt:

„Coefficient alpha *absolutely* should be the first measure one calculates to assess the quality of the instrument."[218]

Vor der Berechnung des alpha-Koeffizienten werden die negativ formulierten Indikatoren umkodiert. Der alpha-Koeffizient weist für die Indikatoren des Konstrukts Verwendungssorgfalt bei Fahrrädern einen Wert von 0.804 auf, was auf eine befriedigende bis gute interne Konsistenz der Indikatoren hindeutet. Bei Waschmaschinen ergibt sich für dieses Konstrukt mit 0.607 ein etwas geringerer Wert, der jedoch ebenfalls eine befriedigende Reliabilität indiziert.[219] Für die Risikowahrnehmung ergeben sich bei Fahrrädern und Waschmaschinen Werte des alpha-Koeffizienten in Höhe von 0.750 bzw. 0.865, die auch eine befriedigende bzw. gute interne Konsistenz anzeigen. Aufgrund der insgesamt hohen Werte des alpha-Koeffizienten erscheint eine Aggregation der eine Variable repräsentierenden Items durch Mittelwertbildung als angemessen. Die Konstruktwerte werden demnach durch Mittelwertbildung erzeugt.[220]

Die Konstruktvalidität kann auch mithilfe einer explorativen Faktorenanalyse überprüft werden, wobei man dann von der faktoriellen Validität als Spezialfall der Konstruktvalidität spricht.[221] Die Ergebnisse einer explorativen Faktorenanalyse sind in den nachfolgenden Tabellen zusammengefasst.

---

[218] Churchill (1979), S. 68; Hervorhebung im Original.
[219] Vgl. Chu/Choi (2000).
[220] Vgl. Grunwald (2008), S. 222.
[221] Vgl. Bühner (2004), S. 39.

a) Waschmaschinen

Rotierte Komponentenmatrix[a]

	Komponente	
	1	2
Vertraut machen		,532
Fremdkörper		,690
sofort. Reparatur		,546
Beladungsmenge		,694
Progr.-Nutzung		,656
Schaden-Elektronik	,710	
Schaden-Tür	,963	
Schaden-Gummi	,963	

Extraktionsmethode: Hauptkomponentenanalyse.
Rotationsmethode: Varimax mit Kaiser-Normalisierung.
a Die Rotation ist in 3 Iterationen konvergiert.

Tabelle 16: Ergebnis der Faktorenanalyse für Waschmaschinen

b) Fahrräder

Rotierte Komponentenmatrix[a]

	Komponente	
	1	2
Prüfung Rost/Riss	,814	
Reinigung/Pflege	,858	
Schaltzeitpunkt	,711	
sofort. Reparatur	,770	
Rahmenbruch		,641
Platter Reifen		,725
Rostbildung		,701
Verzog. Felge		,765
Schäden an Teilen		,697

Extraktionsmethode: Hauptkomponentenanalyse.
Rotationsmethode: Varimax mit Kaiser-Normalisierung.
a Die Rotation ist in 3 Iterationen konvergiert.

Tabelle 17: Ergebnis der Faktorenanalyse für Fahrräder

Die in den Tabellen 16 und 17 dargestellten Matrizen geben die rotierten Faktorladungen an. Es wird deutlich, dass in beiden Stichproben die Konstrukte Verwendungssorgfalt und Risikowahrnehmung auf jeweils einen Faktor laden. Für das Vorliegen von Konstruktvalidität müssen die Faktorladungen zwischen dem Item und dem Konstrukt hinreichend groß, signifikant und in etwa gleich sein.[222] Diese Anforderung wird durch die Tabellen 16 und 17 bestätigt.

Die Überprüfung der Inhaltsvalidität beschränkt sich auf eine theoretische Begründung für die ein Konstrukt bildenden Items, die bereits in die Operationalisierung der Variablen eingeflossen ist. Dabei ist auf eine präzise inhaltliche Definition der Konstrukte geachtet worden. Ein objektiver, quantitativer Validitätswert kann hier nicht angegeben werden.[223]

6.3 Test auf Multikollinearität

Wie bereits beschrieben, darf beim Einsatz der logistischen Regression keine Multikollinearität zwischen den unabhängigen Variablen bestehen. Multikollinearität bedeutet, dass die unabhängigen Variablen miteinander korreliert sind. Die gängigen Statistikprogramme bieten verschiedene Diagnosemöglichkeiten für Multikollinearität. Einfach zu interpretieren sind die Toleranzkoeffizienten, die auf der Überlegung basieren, dass bei starker Multikollinearität ein hoher Varianzanteil der m-ten unabhängigen Variablen mit Hilfe einer linearen Regression erklärt werden kann, wobei die übrigen unabhängigen Variablen als Regressoren verwendet werden. Bei Vorliegen von Kollinearität wird das Bestimmtheitsmaß R^2 entsprechend hohe Werte annehmen. Die Toleranzkoeffizienten werden gemäß folgender Formel berechnet:

$$(42) \qquad Tol_m = 1 - R^2.$$

Daher werden für die Toleranzkoeffizienten für den Fall, dass Multikollinearität besteht, sehr kleine Werte ermittelt. Die Kollinearitätsdiagnostik kann mit den entsprechenden Statistikprogrammen jedoch nur für lineare Regressionen abgerufen werden. Menard weist aber darauf hin, dass die Diagnostiken analog für logistische Regressionen verwendet werden können, indem man mit denselben abhängigen und unabhängigen Variablen eine Einfachregression berechnet. Dahinter steht die Überlegung, dass lediglich die Beziehungen zwischen den unab-

[222] Vgl. Bagozzi (1981), S. 199.
[223] Vgl. Himme (2007), S. 382.

hängigen Variablen von Interesse sind und die funktionale Form des Modells somit außer Acht gelassen werden kann. Als Anhaltspunkt bei der Interpretation der Toleranzkoeffizienten gilt, dass Toleranzwerte, die kleiner sind als 0.2 auf Multikollinearität hindeuten, während Werte unter 0.1 starke Kollinearitätsprobleme ausweisen.[224] Tabelle 18 gibt die Toleranzwerte wieder, die mit Hilfe einer Einfachregression berechnet worden sind.

		Toleranzkoeffizienten	
abhängige Variable	unabhängige Variablen	Waschmaschine	Fahrrad
Entscheidungs-ergebnis	Risikowahrnehmung	0.919	0.925
	Wichtigkeit Lebensdauer	0.988	0.974
	Verwendungssorgfalt	0.889	0.828
	Verwendungsintensität	0.778	0.859
	Zeitpräferenz	0.953	0.801
	Alter	0.871	0.848
	Geschlecht	0.901	0.924
	Einkommen	0.671	0.926
	Bildung	0.840	0.921

Tabelle 18: Toleranzkoeffizienten für die Unterstichproben

Da alle Toleranzwerte über 0.6 liegen, kann geschlossen werden, dass keine Multikollinearität zwischen den unabhängigen Variablen besteht.[225] In der theoretischen Herleitung der Hypothesen wird zwar indirekt ein linearer Zusammenhang zwischen der Haltbarkeits- und Zeitpräferenz unterstellt, durch die Operationalisierung der Zeitpräferenz als kategoriale Variable mit den Ausprägungen hoch und niedrig wird Multikollinearität jedoch ausgeschlossen.[226]

[224] Vgl. Menard (2002), S. 75ff.
[225] Menard (2002), S. 75ff.
[226] Vgl. Abschnitt 5.2.2.4, S. 128ff.

6.4 Hypothesenüberprüfung und Ergebnisdiskussion

Die in Kapitel 4 aufgestellten Forschungshypothesen sind in der nachfolgenden Tabelle 19 wiedergegeben.

Hypothesen-nummer	Hypotheseninhalt
1	Je stärker die Risikowahrnehmung ist, umso eher wird das offensiv haltbare Produkt gewählt. Oder anders formuliert: Konsumenten, die das offensiv haltbare Gut wählen, weisen eine stärker ausgeprägte Risikowahrnehmung auf als jene, die sich für das defensiv haltbare Produkt entscheiden.
2	Je wichtiger eine Person das Merkmal Haltbarkeit eines Produktes ansieht, umso eher wird sie das offensiv haltbare Produkt wählen bzw. Konsumenten, die sich für das offensiv haltbare Produkt entscheiden, messen dem Produktmerkmal Haltbarkeit eine größere Bedeutung zu als diejenigen, die das defensiv haltbare Produkt wählen
3	Bei einer hohen Produktkomplexität ist die Verwendungssorgfalt hochgradig inferior, weshalb sich Konsumenten in diesem Fall eher für das offensiv haltbare Produkt entscheiden.
4	Konsumenten mit hohem Einkommen zeichnen sich durch einen hohen wahrgenommenen Preis der Verwendungssorgfalt und einen entsprechend geringeren Einsatz von Verwendungssorgfalt aus.
5	Konsumenten mit einem hohen Einkommen entscheiden sich eher für das offensiv haltbare Produkt bzw. Personen, die das offensiv haltbare Produkt wählen, verfügen über ein vergleichsweise hohes Einkommen.
6	Individuen, die das offensiv haltbare Gut wählen, legen eine höhere Verwendungssorgfalt an den Tag.
7	Je höher die Verwendungsintensität ist, umso eher wird das offensiv haltbare Produkt gewählt bzw. Personen, die sich für das offensiv haltbare Produkt entscheiden, nutzen dieses intensiver als diejenigen Personen, die das defensiv haltbare Produkt wählen.
8	Menschen mit einer geringen (hohen) Zeitpräferenz entscheiden sich eher für das offensiv (defensiv) haltbare Produkt.
9	Personen mit hohem (niedrigem) Einkommen haben eine geringe (hohe) Zeitpräferenz.
10	Personen mit hohem (niedrigem) Bildungsstand haben eine geringe (hohe) Zeitpräferenz.
11	Das Alter einer Person beeinflusst die Zeitpräferenz negativ, d.h. je älter eine Person ist, umso niedriger ist die Zeitpräferenz.
12	Je älter eine Person ist, umso eher entscheidet sie sich für das offensiv haltbare Produkt.
13	Je höher der Bildungsstand einer Person ist, umso eher wird das offensiv haltbare Produkt gewählt bzw. die Käufer eines offensiv haltbaren Produktes verfügen über eine vergleichsweise hohe Bildung.

Tabelle 19: Überblick über die Forschungshypothesen

Vor der eigentlichen Überprüfung der Forschungshypothesen mittels logistischer Regression wird untersucht, wie sich die beiden Stichproben bezüglich der theoretisch abgeleiteten Determinanten der Entscheidung zwischen Offensiv- und Defensivmodell unterscheiden. Wird dabei beispielsweise festgestellt, dass dem Produktmerkmal Haltbarkeit in der Fahrrad-Stichprobe eine deutlich höhere Wichtigkeit beigemessen wird als in der Waschmaschinen-Stichprobe, ließe sich dies möglicherweise auf produktspezifische Unterschiede zurückführen. In diesem Zusammenhang erfolgt die Überprüfung von Hypothese 3, die nicht im Rahmen der logistischen Regression getestet werden kann.

Die nachfolgende Tabelle gibt die Mittelwerte der unabhängigen Variablen für die Waschmaschinen- sowie die Fahrrad-Stichprobe wieder. Dabei erfolgt zunächst keine Differenzierung nach Käufern des Offensiv- bzw. Defensivmodells.

	Waschmaschine	**Fahrrad**
Risikowahrnehmung	5.9465	6.5422
Wichtigkeit Lebensdauer	5.77	5.84
Verwendungssorgfalt	4.2276	3.6361
Verwendungsintensität	3.3806	2.7815
Einkommen	3.6679	3.8447
Bildung	2.9328	2.8741
Alter	44.57	42.79

Tabelle 20: Produktspezifische Mittelwerte der unabhängigen Variablen

Eine mit den Daten durchgeführte Varianzanalyse führt zu dem Ergebnis, dass zwischen den Stichproben signifikante Unterschiede bezüglich der Variablen Risikowahrnehmung, Verwendungsintensität sowie Verwendungssorgfalt bestehen. Die Ergebnisse der Varianzanalyse sind in der nachfolgenden Tabelle dargestellt.

		Quadrat-summe	df	Mittel der Quadrate	F	Signifikanz
Alter	Zwischen den Gruppen	427,119	1	427,119	2,220	,137
	Innerhalb der Gruppen	103109,893	536	192,369		
	Gesamt	103537,011	537			
Bildung	Zwischen den Gruppen	,464	1	,464	,354	,552
	Innerhalb der Gruppen	702,510	536	1,311		
	Gesamt	702,974	537			
Einkommen	Zwischen den Gruppen	1,735	1	1,735	1,289	,257
	Innerhalb der Gruppen	721,551	536	1,346		
	Gesamt	723,286	537			
Verwendungsintensität	Zwischen den Gruppen	48,277	1	48,277	25,638	,000
	Innerhalb der Gruppen	1009,287	536	1,883		
	Gesamt	1057,563	537			
Wichtigkeit Lebensdauer	Zwischen den Gruppen	,562	1	,562	,122	,727
	Innerhalb der Gruppen	2467,945	536	4,604		
	Gesamt	2468,507	537			
Verwendungssorgfalt	Zwischen den Gruppen	47,057	1	47,057	108,289	,000
	Innerhalb der Gruppen	232,921	536	,435		
	Gesamt	279,978	537			
Risikowahrnehmung	Zwischen den Gruppen	47,729	1	47,729	36,613	,000
	Innerhalb der Gruppen	698,728	536	1,304		
	Gesamt	746,456	537			

Tabelle 21: Ergebnisse einer ANOVA zur Überprüfung von Mittelwertunterschieden

Die Ergebnisse liefern insofern eine Ablehnung der Hypothese 3, als dass die Verwendungssorgfalt bei Waschmaschinen signifikant höher ist als bei Fahrrädern. Somit kann nicht von einer Inferiorität der Verwendungssorgfalt bei Waschmaschinen ausgegangen werden. Bei Waschmaschinen wird eine höhere Produktkomplexität unterstellt, was zur Vermutung von Inferiorität hinsichtlich der Verwendungssorgfalt führt. Damit wäre die Wahl des Offensivmodells bei Waschmaschinen wahrscheinlicher, da bei Inferiorität der Nutzenbeitrag, den die Verwendungssorgfalt zur Erreichung eines bestimmten Haltbarkeitsniveaus beiträgt, als gering angesehen wird. Darüber hinaus macht Tabelle 21 deutlich, dass sich die Verwendungsintensität in den beiden Stichproben signifikant unterscheidet: bei Waschmaschinen ist die Verwendungsintensität höher als bei Fahrrädern. Die Risikowahrnehmung weist hingegen bei Fahrrädern einen signifikant größeren Wert auf als bei Waschmaschinen. Diese Ergebnisse legen die Vermutung nahe, dass Waschmaschinen eher als alltägliche Gebrauchsgegenstände darstellen, die häufiger verwendet werden, als Fahrräder, deren geringere Verwendungsintensität ihren Charakter als Sport- und Freizeitgeräte unterstreicht. Die stärkere Risikowahrnehmung bei Fahrrädern lässt sich dadurch erklären, dass die Haltbarkeit von Fahrrädern in einem sehr engen Zusammenhang zur Sicherheit steht. Die im Fragebogen beschriebenen Schäden können – falls sie während der Fahrt auftreten – zu Stürzen und Verletzungen führen. Im Gegensatz zu Waschmaschinen können bei Schäden am Fahrrad somit auch Gefahren für Leib und Leben auftreten.

Die Zeitpräferenz kann wegen ihrer dichotomen Ausprägungen nicht mittels einer Varianzanalyse untersucht werden. In der nachfolgenden Kreuztabelle sind die Zeitpräferenzen differenziert nach den betrachteten Produkten dargestellt.

	Waschmaschine	Fahrrad
hohe Zeitpräferenz	72	146
geringe Zeitpräferenz	196	124

Tabelle 22: Zeitpräferenz nach Produkt

Ein χ^2-Test bestätigt einen signifikanten produktspezifischen Unterschied zwischen der Zeitpräferenz (χ^2 = 41.312, df = 1, prob = 0.000). Die geringere Zeitpräferenz in Bezug auf Waschmaschinen wäre wiederum eine Determinante für eine offensive eingebaute Haltbarkeit.

Eine Kreuztabelle, in der die Wahlhäufigkeiten von Offensiv- und Defensivmodellen in den untersuchten Stichproben gegenübergestellt werden, dient der Überprüfung von Hypothese 3.

Modell/Stichprobe	Waschmaschine	Fahrrad
Offensivmodell	166	158
Defensivmodell	102	112

Tabelle 23: Modellwahl nach Produkt

Die Kontingenztabelle offenbart, dass der postulierte Zusammenhang nicht vorhanden ist. Wie oben bereits beschrieben ist unterstellt worden, dass aufgrund der höheren Produktkomplexität von Waschmaschinen Inferiorität der Verwendungssorgfalt vorliegt, was zur Wahl des offensiven Modells führen müsste. Die Probanden wählen in beiden Stichproben jedoch etwa gleich häufig das Offensiv- bzw. Defensivmodell, was durch einen χ^2-Test belegt wird ($\chi^2 = 0.657$, df = 1, prob = 0.417). Somit muss Hypothese 3 verworfen werden.

Ausgehend von diesen Resultaten lassen sich noch keine präzisen Aussagen über die Zusammenhänge zwischen den Determinanten und der Wahl eines Offensiv- und Defensivproduktes ableiten. Die Ergebnisse deuten jedoch darauf hin, dass die Verwendungsintensität sowie die Risikowahrnehmung geeignete Prädiktoren für die Wahl zwischen Offensiv- und Defensivmodell darstellen. Das gleiche gilt für die Zeitpräferenz. Im Folgenden wird nun untersucht, inwiefern sich die in Kapitel 4 unterstellten Zusammenhänge zwischen den Determinanten und der eingebauten Haltbarkeit bestätigen lassen. Die detaillierte Untersuchung der Einflussfaktoren erfolgt zunächst für Waschmaschinen und danach für Fahrräder.

6.4.1 Waschmaschinen-Stichprobe

Die logistische Regression wird entsprechend der im vorherigen Kapitel dargestellten Ablaufschritte für die Waschmaschinen-Stichprobe durchgeführt und dient vor allem der Überprüfung der Forschungshypothesen 1 und 2, 5 bis 8 sowie 12 und 13. Die Testung der Hypothesen 4 und 9 bis 11 erfolgt im Anschluss anhand von Mittelwertvergleichen bzw. Kreuztabellen.

Die logistische Regressionsgleichung wird zunächst so formuliert, dass die Modellwahl (Offensiv- vs. Defensivmodell) die abhängige Variable repräsentiert, während als unabhängige Variablen das Alter, der Bildungsstand, das Einkommen, die Verwendungsintensität sowie die Zeitpräferenz herangezogen werden. Des Weiteren gehen die Wichtigkeit des Merkmals Lebensdauer, die Risikowahrnehmung und die Verwendungssorgfalt als unabhängige Variablen in die Analyse ein.[227]

Die Schätzung des Modells wird mit SPSS durchgeführt und ist vor der Prüfung und Interpretation der Regressionskoeffizienten auf seine Güte zu untersuchen, wobei als Gütekriterien der Likelihood-Ratio-Test, der Hosmer-Lemeshow-Test sowie die Pseudo-R^2-Statistiken berücksichtigt werden. Zusätzlich wird die Klassifikationsmatrix ausgewertet. Die Tabelle 24 gibt den Likelihood-Ratio-Test wieder. Je größer der LR-Wert, desto größer ist der Erklärungsbeitrag der in das vollständige Modell eingeflossenen unabhängigen Variablen. In diesem Fall ergibt sich ein relativ geringer LR-Wert, der auch nicht zum 5%-Niveau signifikant ist. Dies ist ein Indiz für keine gute Modellanpassung, der LR-Wert sollte möglichst groß und signifikant sein.

Omnibus-Tests der Modellkoeffizienten

		Chi-Quadrat	df	Sig.
Schritt 1	Schritt	15,125	8	,057
	Block	15,125	8	,057
	Modell	15,125	8	,057

Tabelle 24: Likelihood-Ratio-Test (Waschmaschinen-Stichprobe)

Der Hosmer-Lemeshow-Test spricht eher für eine gute Modellanpassung, wie in Tabelle 25 zu sehen ist.

Hosmer-Lemeshow-Test

Schritt	Chi-Quadrat	df	Sig.
1	3,894	8	,867

Tabelle 25: Hosmer-Lemeshow-Test (Waschmaschinen-Stichprobe)

227 Alle metrisch skalierten Variablen gehen standardisiert in die logistische Regression ein. Dies dient der leichteren Interpretierbarkeit der ermittelten Regressionskoeffizienten. Vgl. Kapitel 5.1.3, S. 111.

Ein niedriger χ^2-Wert und ein hohes Signifikanzniveau (> 0.7) implizieren eine gute Modellanpassung. In diesem Fall liegt das Signifikanzniveau deutlich über 70%.

Die Pseudo-R^2-Statistiken weisen hingegen auf eine geringe Modellgüte hin.

Modellzusammenfassung

Schritt	Cox & Snell R-Quadrat	Nagelkerkes R-Quadrat
1	,057	,077

Tabelle 26: Pseudo-R^2-Statistiken (Waschmaschinen-Stichprobe)

Für Nagelkerkes-R^2 sind Werte ab 0.2 akzeptabel. Ein Wert in Höhe von 0.077 bedeutet, dass lediglich 7.7% der Varianz der unabhängigen Variable durch die abhängigen Variablen erklärt werden.

Die 268 Beobachtungen setzen sich aus 166 Probanden (61.5%), die das Defensivmodell wählen, sowie aus 102 Probanden (38.5%), die sich für das Offensivmodell entschieden haben, zusammen. Somit ist $\varphi = 0.615$ und das Proportional Chance Criterion (PCC) beträgt 52.95%. Mit 64.3% richtig klassifizierten Beobachtungen ist die Zuordnung im Vergleich zum PCC grundsätzlich als akzeptabel zu beurteilen. Allerdings ist die Trefferquote in der kleineren Gruppe der Offensivmodell-Käufer von 27.3% vergleichsweise gering. Tabelle 27 gibt die Klassifikationsmatrix des logistischen Schätzmodells wieder.

Klassifizierungstabelle[a]

Beobachtet			Vorhergesagt: Bitte entscheiden Sie sich nun für ein Modell – Defensivmodell	Vorhergesagt: Bitte entscheiden Sie sich nun für ein Modell – Offensivmodell	Prozentsatz der Richtigen
Schritt 1	Bitte entscheiden Sie sich nun für ein Modell	Defensivmodell	139	20	87,4
		Offensivmodell	72	27	27,3
	Gesamtprozentsatz				64,3

a Der Trennwert lautet ,500

Tabelle 27: Klassifikationsmatrix (Waschmaschinen-Stichprobe)

Obwohl das Modell eher abgelehnt werden sollte, werden die Regressionskoeffizienten genauer betrachtet.

Variablen in der Gleichung

		Regressions-koeffizient β	Standard-fehler	Wald	df	Sig.	Exp(β)
Schritt 1(a)	Alter	,009	,010	,661	1	,416	1,009
	Bildung	-,073	,147	,249	1	,618	,929
	Einkommen	,241	,154	2,442	1	,118	1,273
	VI	,061	,150	,164	1	,685	1,063
	Wichtig_L	,234	,134	3,051	1	,081	1,264
	mean_RW	,215	,138	2,402	1	,121	1,239
	mean_VS	,043	,138	,096	1	,757	1,044
	Zeitpräf	,599	,322	3,455	1	,063	1,820
	Konstante	-1,333	,561	5,646	1	,017	,264

(a) In Schritt 1 eingegebene Variablen: Alter, Bildung, Einko, VI (Verwendungsintensität), Zeitpräf (Zeitpräferenz), Wichtig_L (Wichtigkeit Lebensdauer), mean_RW (Mittelwert der Risikowahrnehmung), mean_VS (Mittelwert der Verwendungssorgfalt.)[228]

Tabelle 28: Ergebnis der Koeffizientenschätzung (Waschmaschinen-Stichprobe)

Die Trennkraft der Variablen kann anhand der Signifikanzen beurteilt werden. Die Signifikanzen liegen alle über 0.05, so dass die Nullhypothese, dass die Variablen keinen Einfluss auf die Trennung der Gruppen haben, nicht verworfen werden kann. Die unabhängige Variable Alter ist nicht signifikant, d.h. die Hypothese, dass mit steigendem Alter aufgrund der damit sinkenden Zeitpräferenz die Wahrscheinlichkeit, das offensive Modell zu wählen, zunimmt, muss abgelehnt werden. Dies lässt wiederum den Schluss zu, dass der unterstellte Zusammenhang zwischen dem Alter und der Zeitpräferenz von Konsumenten möglicherweise nicht besteht. Die Interpretation für den Prädiktor Bildung erfolgt analog.[229] Tabelle 28 zeigt darüber hinaus, dass es sich entgegen der anfänglichen Vermutungen bei den Variablen Verwendungsintensität und Risikowahrnehmung nicht um signifikante Prädiktoren handelt. Ebenfalls nicht signifikant ist die unabhängige Variable Einkommen. Diesbezüglich ist unterstellt worden, dass Konsumenten mit einem hohen Einkommen einen relativ hohen Preis der Verwendungssorgfalt wahrnehmen und sich somit für eine höhere eingebaute Haltbarkeit in Form des offensiven Modells entscheiden.

[228] Für die Konstrukte Risikowahrnehmung und Verwendungssorgfalt werden die Mittelwerte eingesetzt. Vgl. dazu S. 138 der vorliegenden Arbeit.

[229] Eine detailliertere Betrachtung der Prädiktoren Alter und Bildung erfolgt auf Seite 151.

Die Ergebnisse offenbaren, dass die Verwendungssorgfalt keinen Erklärungsbeitrag zur Modellwahl leistet. Demzufolge spielt die Verwendungssorgfalt bei der Entscheidung für ein offensives bzw. defensives Modell keine Rolle für die Konsumenten. Dies deutet darauf hin, dass die Konsumenten den Einfluss der Verwendungssorgfalt auf die Gesamthaltbarkeit nicht erkennen bzw. als nicht existent erachten. Ob es sich dabei um ein produktspezifisches Phänomen handelt, wird die Analyse der Fahrrad-Stichprobe zeigen.

Bei einem kritischen Signifikanzniveau von 0.1 werden die Prädiktoren Wichtigkeit des Produktmerkmals Lebensdauer sowie die Zeitpräferenz signifikant. Damit sind die affektive Komponente der Haltbarkeitspräferenz und die Zeitpräferenz als Prädiktoren identifiziert. Allerdings wird bei der Betrachtung der jeweiligen Konfidenzintervalle der Effektkoeffizienten Exp(β) deutlich, dass eine weitere Analyse bezüglich der Wirkungsrichtung und -stärke der unabhängigen Variablen obsolet ist.

Variablen in der Gleichung

		Regressions-koeffizient β	Exp(β)	95,0% Konfidenzintervall für Exp(β)	
				Unterer Wert	Oberer Wert
Schritt 1(a)	Alter	,009	1,009	,988	1,029
	Bildung	-,073	,929	,697	1,239
	Einkommen	,241	1,273	,940	1,723
	VI	,061	1,063	,792	1,425
	Wichtig_L	,234	1,264	,972	1,645
	mean_RW	,215	1,239	,945	1,625
	mean_VS	,043	1,044	,796	1,369
	Zeitpräf (1)	,599	1,820	,968	3,423
	Konstante	-1,333	,264		

(a) In Schritt 1 eingegebene Variablen: Alter, Bildung, Einko, VI, Zeitpräf, Wichtig_L, mean_RW, mean_VS.

Tabelle 29: Konfidenzintervalle der Regressionskoeffizienten (Waschmaschinen-Stichprobe)

Liegen die Intervallränder nicht beide über bzw. unter Eins, kann nicht mit 95%-Vertrauenswahrscheinlichkeit gesagt werden, dass der durch das Vorzeichen des Regressionskoeffizienten angezeigte positive bzw. negative Effekt tatsächlich eintritt. Da dies für alle betrachteten unabhängigen Variablen der Fall ist, kann von deren geringer Bedeutung bei der Trennung der Gruppen ausgegangen werden.

Abschließend sollen die Hypothesen 4 sowie 9 bis 11 für die Waschmaschinen-Stichprobe überprüft werden. Die Hypothese 4 fordert, dass mit steigendem Einkommen der Probanden die an den Tag gelegte Verwendungssorgfalt abnimmt, da der wahrgenommene Preis der Verwendungssorgfalt positiv mit dem Einkommen zusammenhängt. Die logistische Regression hat kein signifikantes Ergebnis bezüglich der unabhängigen Variablen Einkommen gezeigt. In Tabelle 30 sind die Mittelwerte der abhängigen Variable Verwendungssorgfalt in den einzelnen Einkommensgruppen wiedergegeben.

monatliches Nettohaushaltseinkommen	mean_VS	n
unter 500 €	4.64	5
500 bis unter 1000 €	4.11	32
1000 bis unter 2000 €	4.18	94
2000 bis unter 3000 €	4.23	78
3000 bis unter 4000 €	4.34	34
4000 € und mehr	4.30	25

Tabelle 30: Verwendungssorgfalt nach Einkommen (Waschmaschinen-Stichprobe)

Tatsächlich ist der Mittelwert der Verwendungssorgfalt in den höheren Einkommensklassen geringer als in der untersten Einkommensklasse, allerdings entwickelt sich der Mittelwert nicht in eine Richtung. Ein Kruskal-Wallis-Test für υ unabhängige Stichproben liefert kein signifikantes Ergebnis ($\chi^2 = 7.627$, df = 4, prob = 0.106), d.h. die Mittelwerte in den einzelnen Einkommensgruppen unterscheiden sich nicht.

Somit nehmen Konsumenten mit höherem Einkommen keinen höheren Preis der Verwendungssorgfalt wahr. Unabhängig vom Einkommen gehen die Probanden etwa gleich sorgfältig mit einem Gut um, d.h. die Verwendungssorgfalt wird von anderen Faktoren beeinflusst. Das Ergebnis der Überprüfung von Hypothese 3 spricht darüber hinaus dafür, dass die Höhe der Verwendungssorgfalt nicht durch die Produktkomplexität bestimmt wird. Möglicherweise sollten bezüglich der Verwendungssorgfalt Variablen wie Involvement oder auch handwerkliches Interesse und Geschick abgefragt werden. Möglicherweise sind dies bessere Indikatoren für die Höhe der Verwendungssorgfalt.

Der in Hypothese 9 unterstellte Einfluss des Einkommens auf die Zeitpräferenz wird mithilfe einer Kreuztabelle verdeutlicht.

monatliches Nettohaushaltseinkommen	geringe Zeitpräferenz	hohe Zeitpräferenz
500 bis unter 1000 €	19 (59.4%)	13 (40,6%)
1000 bis unter 2000 €	65 (69.1%)	29 (30.9%)
2000 bis unter 3000 €	62 (79.5%)	16 (20.5%)
3000 bis unter 4000 €	26 (76.5%)	8 (23.5%)
4000 € und mehr	22 (88%)	3 (12%)

Tabelle 31: Zeitpräferenz nach Einkommen (Waschmaschinen-Stichprobe)

Ein χ^2-Test zeigt, dass Hypothese 10a verworfen werden muss (χ^2 = 8.525, df = 4, prob = 0.074). Offensichtlich hat das Einkommen lediglich einen schwach signifikanten Einfluss auf die Zeitpräferenz.[230] Die Hypothesen 10 und 11 beziehen sich auf Einflussfaktoren der Zeitpräferenz. Es wird unterstellt, dass das Einkommen sowie die Bildung als auch das Alter einen Einfluss auf die Zeitpräferenz ausüben.

abhängige Variable	geringe Zeitpräferenz (n = 196)	hohe Zeitpräferenz (n = 72)
Bildung	2.9490	2.8889
Alter	44.44	44.94

Tabelle 32: Zeitpräferenz nach Bildung und Einkommen (Waschmaschinen-Stichprobe)

Der t-Test bestätigt, dass sich die Mittelwerte, wie bereits die Tabelle 32 vermuten lässt, nicht signifikant unterscheiden (Bildung: t-stat = 0.385, df = 266, prob = 0.7 und Alter: t-stat =

[230] Die Einkommensgruppe „unter 500€“ wird hier aufgrund zu geringer erwarteter Häufigkeiten (< 5) nicht betrachtet.

-0.266, df = 266, prob = 0.791). Dieses Ergebnis überrascht, da diese Einflussfaktoren auf die Zeitpräferenz in der einschlägigen Literatur mehrfach empirisch bestätigt worden sind.[231] Daneben zählen auch die Erziehung sowie kulturelle Einflüsse zu den Determinanten der Zeitpräferenz.[232] So zeigen z.B. Bartling et al., dass Kinder von geduldigen Müttern sich durch größere Geduld auszeichnen. Die Dauer der Stillzeit hat ebenfalls Einfluss auf die Fähigkeit der Kinder, geduldiger zu sein, d.h. Belohnungen aufzuschieben.[233] Bei den Faktoren Erziehung und kultureller Hintergrund handelt es sich jedoch um Variablen, deren Erhebung mit großem Aufwand verbunden ist und die nicht in die vorliegende empirische Analyse einbezogen worden sind. Es erscheint dennoch plausibel, dass diese Faktoren aufgrund des unterstellten Zusammenhangs zwischen Zeit- und Haltbarkeitspräferenz ebenso Einfluss auf letztere ausüben. Ähnlich wie beispielsweise bei der Vorliebe für scharfes Essen können die Erziehung und die Angehörigkeit zu einem bestimmten Kulturkreis Auswirkungen auf die Präferenz für z.B. besonders lange haltbare Möbel haben. Möglicherweise überlagern diese Determinanten den Einfluss des Alters und der Bildung auf die Zeitpräferenz, was die fehlende Signifikanz des Ergebnisses erklären könnte.

Die Überprüfung der Forschungshypothesen anhand der Waschmaschinenprobe führt ausnahmslos zu deren Ablehnung. Dies legt die Vermutung nahe, dass beim Kauf einer Waschmaschine andere Produkteigenschaften als die Haltbarkeit relevant sind. Im Rahmen der Abfrage der Wichtigkeit des Merkmals Haltbarkeit sind die Probanden aufgefordert gewesen, auch weitere Produkteigenschaften bezüglich ihrer Wichtigkeit bei der Kaufentscheidung anzugeben. Die Analyse dieser Daten zeigt, dass das Merkmal Strom- und Wasserverbrauch mit Abstand als wichtigster Kaufaspekt angesehen wird (vgl. Tabelle 33).

In der Beschreibung der Wahlsituation ist diese mögliche Störvariable eliminiert worden.[234] Daher misslingt der Versuch zu erklären, aus welchem Grund sich dennoch 38.5% für das Offensivmodell der Waschmaschine entscheiden. Das ökologische Bewusstsein der Probanden, welches möglicherweise für die Wahl des Offensivmodells als relevant erachtet werden könnte, hätte sich in der Wichtigkeit des Produktmerkmals Haltbarkeit widergespiegelt. Der Einwand, dass ein geringer Strom- und Wasserverbrauch ebenfalls als Indikator für das Ökologiebewusstsein dienen könnte, muss aus dem Grund zurück gewiesen werden, dass die

[231] Vgl. dazu Frederick et al. (2002), S. 366.
[232] Vgl. Becker/Mulligan (1997), S. 731f.
[233] Vgl. Barling et al. (2010), S. 317.
[234] Vgl. Kapitel 5.2.1, Tabelle 8, S. 123.

Konsumenten durch einen geringeren Energieverbrauch vor allem ökonomische Vorteile realisieren.

Merkmal	mittlere Wichtigkeit
Strom- und Wasserverbrauch	6.78
Preis	5.83
Betriebslautstärke	4.12
Lebensdauer	5.77
Schleuderleistung	4.81
Spezielle Waschprogramme	3.90
Waschleistung	5.69
Umweltaspekte	4.14
Service/Kundendienst	3.97

Tabelle 33: Wichtigkeit einzelner Produktmerkmale (Waschmaschinen)

Vor diesem Hintergrund stellt sich die Frage, inwiefern eine hohe eingebaute Haltbarkeit für das Produkt Waschmaschine überhaupt sinnvoll ist. Aufgrund der hohen Kaufrelevanz des Energieverbrauchs bietet sich hier eine Gegenüberstellung der offensiven und defensiven Hersteller bezüglich der Energieeffizienz an. Die Energieeffizienz muss entsprechend einer Verordnung der Europäischen Union aus dem Jahre 1998 in Form des Energie-Labels insbesondere bei Hausgeräten angegeben werden.[235] Darüber hinaus werden der Strom- und Wasserverbrauch auch im Rahmen der Produkttests der Stiftung Warentest angegeben. Die Daten der Stiftung Warentest, welche in der nachfolgenden Tabelle dargestellt sind, sollen hier als Grundlage herangezogen werden.

Die Überprüfung des Strom- und Wasserverbrauchs auf Unterschiede zwischen offensiven und defensiven Herstellern mittels t-Test liefert kein signifikantes Ergebnis.[236] Dies bedeutet, dass sowohl offensiv als auch defensiv ausgerichtete Hersteller hinsichtlich der Energieeffizienz auf etwa dem gleichen Level liegen, was wiederum zu dem Schluss führt, dass eine

[235] o. V.: Das EU-Label, (2009).

[236] Die Überprüfung mittels t-Test erfolgt differenziert nach der Füllmenge. Vgl. Tabelle C1 in Anhang C, S. 187.

hohe eingebaute Haltbarkeit nicht mit einer vergleichsweise höheren Energiesparsamkeit einhergeht.

Hersteller	Wasserverbrauch* [Liter]	Stromverbrauch* [kWh]	Füllmenge* [kg]
Quelle/Privileg [O]	47	0.71	5
Siemens [D]	60	0.68	6
AEG/Electrolux [D]	54	0.77	6
Zanker [D]	52	0.65	5
Bauknecht [D]	38	0.52	6
Otto/Hanseatic [D]	43	0.57	5
Whirlpool [D]	44	0.63	5
LG [D]	58	0.38	5
EBD [D]	50	0.43	5
Indesit [D]	44	0.72	5
Samsung [D]	55	0.56	6
Miele [O]	52	0.60	6

* Die Angaben beziehen sich auf einen Buntwaschgang bei 40°C.

Tabelle 34: Strom- und Wasserverbrauch offensiver [O] und defensiver [D] Waschmaschinenhersteller
Quelle: test, 6/2009, S. 78f.

Die Analyse zeigt, dass die Entscheidung zwischen dem Offensiv- und dem Defensivmodell für die Waschmaschinen-Stichprobe nicht erklärt werden kann. Die im Vorfeld ermittelten Unterschiede bezüglich der Verwendungsintensität bei Waschmaschinen und Fahrrädern führen nicht dazu, dass die Anbieterentscheidung für eine hohe eingebaute Haltbarkeit bei Waschmaschinen sinnvoll erscheint, da diese Variable – wie sämtliche übrige Variablen – keinen Einfluss auf die Modellwahl ausübt. Hier offenbart sich möglicherweise eine Schwäche der gewählten Methode der Datenerhebung. Die bisherigen Ausführungen legen die Vermutung nahe, dass es bei den Käufern von lange haltbaren, d.h. offensiven Gebrauchsgütern um Individuen handelt, die Werte wie Beständigkeit als besonders wichtig erachten, sich durch einen gewissen Grad an Konservatismus und unter Umständen durch ein hohes Alter auszeichnen. Es ist daher vorstellbar, dass diese Personen nicht mit einer Online-Befragung erreicht werden können. In späteren Untersuchungen sollte diesem Aspekt Rechnung getragen werden.

Wie die nachfolgenden Ausführungen zeigen ergibt sich für die Fahrrad-Stichprobe ein anderes Bild. Hier kann die Entscheidung zwischen dem Offensiv- und dem Defensivmodell besser erklärt werden.

6.4.2 Fahrrad-Stichprobe

Die Schätzung des logistischen Regressionsmodells wird analog zur Waschmaschinen-Stichprobe mit SPSS durchgeführt und vor der Prüfung und Interpretation der Regressionskoeffizienten anhand der bereits dargestellten Kriterien auf seine Güte untersucht. Die Auswertung des Likelihood-Ratio-Tests, des Hosmer-Lemeshow-Tests sowie der Pseudo-R^2-Statistiken indizieren ebenso wie die Analyse der Klassifikationsmatrix eine sehr gute Modellanpassung.

Omnibus-Tests der Modellkoeffizienten

		Chi-Quadrat	df	Sig.
Schritt 1	Schritt	169,522	8	,000
	Block	169,522	8	,000
	Modell	169,522	8	,000

Tabelle 35: Likelihood-Ratio-Test (Fahrrad-Stichprobe)

Hosmer-Lemeshow-Test

Schritt	Chi-Quadrat	df	Sig.
1	7,889	8	,444

Tabelle 36: Hosmer-Lemeshow-Test (Fahrrad-Stichprobe)

Modellzusammenfassung

Schritt	Cox & Snell R-Quadrat	Nagelkerkes R-Quadrat
1	,472	,637

Tabelle 37: Pseudo-R^2-Statistiken (Fahrrad-Stichprobe)

Die 270 Beobachtungen setzen sich aus 158 Probanden (58.5%), die das Defensivmodell wählen, sowie aus 112 Probanden (41.5%), die sich für das Offensivmodell entschieden haben, zusammen. Somit ist $\varphi = 0.585$ und das Proportional Chance Criterion (PCC) beträgt 51.45%. Mit 86.0% richtig klassifizierten Beobachtungen ist die Zuordnung gegenüber dem

PCC als gut zu beurteilen, nicht zuletzt, da auch die Beobachtungen in der kleineren Gruppe der Offensivmodell-Käufer mit einer Trefferquote von 87.0% gut klassifiziert werden. Tabelle 38 gibt die Klassifikationsmatrix des logistischen Schätzmodells wieder.

Klassifizierungstabelle[a]

Beobachtet			Vorhergesagt: Bitte entscheiden Sie sich nun für ein Modell – Defensivmodell	Vorhergesagt: Bitte entscheiden Sie sich nun für ein Modell – Offensivmodell	Prozentsatz der Richtigen
Schritt 1	Bitte entscheiden Sie sich nun für ein Modell	Defensivmodell	133	23	85,3
		Offensivmodell	14	94	87,0
	Gesamtprozentsatz				86,0

a Der Trennwert lautet ,500

Tabelle 38: Klassifikationsmatrix (Fahrrad-Stichprobe)

Die nachfolgende Tabelle gibt die geschätzten Regressionskoeffizienten wieder. Die Signifikanzen deuten mit Ausnahme der Variablen Schadenswahrnehmung, Wichtigkeit der Lebensdauer sowie Alter und Bildung auf eine gute Trennkraft der betrachteten unabhängigen Variablen hin.

Variablen in der Gleichung

		Regressions-koeffizient β	Standard-fehler	Wald	df	Sig.	Exp(β)
Schritt 1(a)	Alter	,008	,015	,308	1	,579	1,008
	Bildung	,111	,199	,310	1	,578	1,117
	Einkommen	,468	,203	5,299	1	,021	1,597
	VI	,424	,197	4,649	1	,031	1,528
	Wichtig_L	,224	,187	1,444	1	,230	1,251
	mean_RW	-,008	,189	,002	1	,965	,992
	mean_VS	,442	,221	4,007	1	,045	1,556
	Zeitpräf(1)	-3,634	,415	76,624	1	,000	,026
	Konstante	,921	,680	1,835	1	,176	2,512

(a) In Schritt 1 eingegebene Variablen: Alter, Bildung, Einko, VI, Zeitpräf, Wichtig_L, mean_RW, mean_VS

Tabelle 39: Ergebnis der Koeffizientenschätzung (Fahrrad-Stichprobe)

Die Analyse der jeweiligen Konfidenzintervalle für die Effektkoeffizienten Exp(β) verdeutlicht, dass die Intervallgrenzen für alle signifikanten Koeffizienten entweder beide über bzw. unter Eins liegen, so dass mit 95%-Vertrauenswahrscheinlichkeit gesagt werden kann, dass der durch das Vorzeichen des Regressionskoeffizienten angezeigte positive bzw. negative Effekt tatsächlich eintritt. Somit kann von einer hohen Bedeutung der Variablen Einkommen, Verwendungsintensität, Zeitpräferenz sowie Verwendungssorgfalt bei der Trennung der Gruppen ausgegangen werden.

Variablen in der Gleichung

		Regressions-koeffizient β	Exp(β)	95,0% Konfidenzintervall für Exp(β)	
				Unterer Wert	Oberer Wert
Schritt 1(a)	Alter	,008	1,008	,979	1,039
	Bildung	,111	1,117	,756	1,650
	Einkommen	,468	1,597	1,072	2,379
	VI	,424	1,528	1,039	2,246
	Wichtig_L	,224	1,251	,868	1,804
	mean_RW	-,008	,992	,685	1,436
	mean_VS	,442	1,556	1,009	2,398
	Zeitpräf(1)	3,634	,026	,012	,060
	Konstante	,921	2,512		

(a) In Schritt 1 eingegebene Variablen: Alter, Bildung, Einko, VI, Zeitpräf, Wichtig_L, mean_RW, mean_VS.

Tabelle 40: Konfidenzintervalle der Regressionskoeffizienten (Fahrrad-Stichprobe)

Das Vorzeichen der Regressionskoeffizienten gibt die Wirkungsrichtung der unabhängigen Variablen an. So weisen die positiven Werte für die Variablen Einkommen, Verwendungsintensität und Verwendungssorgfalt aus, dass eine Person mit einem hohen Beurteilungswert (Skalenwert) eher der Gruppe der Offensivmodell-Käufer angehört. Das negative Vorzeichen des Koeffizienten für die Variable Zeitpräferenz gibt an, dass Probanden mit einer geringen Zeitpräferenz eher der Offensivgruppe zuzuordnen sind. Die Wirkungsstärke der Koeffizienten kann anhand der Effekt-Koeffizienten (Exp(β)) beurteilt werden.

Die Exp(β) geben die entlogarithmierten logit-Koeffizienten als Odd ratios wieder. Ein Wert von Exp(β) = 1 bedeutet, dass der Prädiktor hat Einfluss auf das Chancenverhältnis ausübt. Das Wahrscheinlichkeitsverhältnis dafür, dass eine Beobachtung der Offensivgruppe angehört, steigt um das 1.597-fache, wenn sich das Einkommen um eine Skaleneinheit erhöht. Die Chancen steigen demnach um 100% * (1.597 – 1) = 59.7%.

Die Verwendungsintensität sowie die Sorgfalt bei der Verwendung wirken sich ebenfalls positiv auf die Wahrscheinlichkeit aus, dass eine Beobachtung der Offensivgruppe angehört.

Steigt die Verwendungsintensität (-sorgfalt) um eine Skaleneinheit, erhöht sich die Wahrscheinlichkeit der Offensivgruppe anzugehören um das 1.528-fache (1.556-fache), d.h. die Chancen nehmen um 52.8% (55.6%) zu. Bei Vorliegen einer geringen Zeitpräferenz erhöht sich der Logit, der Offensivgruppe anzugehören um 3.634. Anhand des Effekt-Koeffizienten kann berechnet werden, dass die Chance dafür, dass ein Individuum mit einer geringen Zeitpräferenz das Offensivmodell wählt, um 97.4% (= 100% * (0.026 – 1)) steigt. Anhand der Ergebnisse der logistischen Regression müssen die Hypothesen 1 und 2 sowie 12 und 13 verworfen werden, während die Hypothesen 5 bis 8 bestätigt werden.

Im Gegensatz zu der Waschmaschinen-Stichprobe spielen sowohl die Verwendungssorgfalt als auch die Verwendungsintensität eine Rolle bei der Entscheidung zwischen dem offensiven und dem defensiven Modell. Die Verwendungsintensität übt den erwarteten Einfluss auf die Entscheidung aus, d.h., die Wahrscheinlichkeit für die Wahl des Offensivmodells nimmt mit steigender Verwendungsintensität zu. Dies ist nicht überraschend, da ein häufig benutztes Produkt einen hohen Stellenwert im alltäglichen Leben einnimmt und es bei einem Ausfall zu gravierenden Einschränkungen im Alltag kommt. Man stelle sich diesbezüglich einen Arbeitnehmer vor, der seinen täglichen Arbeitsweg mit dem Fahrrad zurücklegt.

Die Verwendungssorgfalt wirkt wie in Hypothese 6 unterstellt auf die Entscheidung ein, d.h. Konsumenten, die das Offensivmodell wählen, zeichnen sich durch eine höhere Verwendungssorgfalt aus. Dies bestätigt die These von Schmalensee, dass der Anschaffungspreis einen positiven Einfluss auf die erbrachte Verwendungssorgfalt ausübt. Die Konsumenten gehen offensichtlich mit einem hochwertigen Produkt sorgfältiger um als mit einem Produkt, dessen Preis eher als niedrig eingeschätzt wird. Dieses Verhalten erscheint auch durchaus plausibel, da durch den hohen Anschaffungspreis der Verlust im Falle eines Defekts ebenfalls hoch ist. Für Anbieter von defensiven Produkten ergibt sich hier theoretisch ein Anreiz für eine Betrugsstrategie. Das Anbieten von defensiv haltbaren Produkten zum Preis von Offensivmodellen würde zu einer erhöhten Verwendungssorgfalt der Konsumenten führen und eine Kompensation der fehlenden eingebauten Haltbarkeit durch eine sorgfältige Verwendung wäre möglich. Ob eine praktische Umsetzung einer solchen Strategie machbar wäre, ist jedoch fraglich, da solche Praktiken von Verbraucherschützern oder unabhängigen Prüfinstituten leicht aufgedeckt werden können.

Im Anschluss an die logistische Regression werden analog zur Waschmaschinen-Stichprobe die Hypothesen 4 und 9 bis 11 mithilfe von Mittel-wertvergleichen und Kreuztabellen getestet. Die Hypothese 4 fordert, dass mit steigendem Einkommen der Probanden die an den Tag gelegte Verwendungssorgfalt abnimmt, da der Preis der Verwendungssorgfalt positiv mit dem Einkommen zusammenhängt. In Tabelle 41 sind die Mittelwerte der unabhängigen Variable Verwendungssorgfalt für die Fahrrad-Stichprobe in den einzelnen Einkommensgruppen wiedergegeben.

monatliches Nettohaushaltseinkommen	mean_VS	n
unter 500 €	3.5000	6
500 bis unter 1000 €	3.6146	24
1000 bis unter 2000 €	3.5309	81
2000 bis unter 3000 €	3.7124	93
3000 bis unter 4000 €	3.6420	44
4000 € und mehr	3.7500	22

Tabelle 41: Verwendungssorgfalt nach Einkommen (Fahrrad-Stichprobe)

Die Mittelwerte entsprechen nicht dem in Hypothese 4 postulierten Zusammenhang. Ein Kruskal-Wallis-Test für υ unabhängige Stichproben liefert kein signifikantes Ergebnis (χ^2 = 2.903, df = 4, prob = 0.574), d.h. die Mittelwerte in den einzelnen Einkommensgruppen unterscheiden sich nicht. Dieses Ergebnis entspricht dem in der Waschmaschinen-Stichprobe. Daher liegt die Vermutung nahe, dass es sich dabei um kein produktspezifisches Ergebnis handelt. Personen mit hohem Einkommen nehmen keinen höheren Preis der Verwendungssorgfalt wahr als Personen mit geringem Einkommen. Über alle betrachteten Einkommensklassen wird eine ungefähr gleiche Verwendungssorgfalt an den Tag gelegt. Analog zu der Waschmaschinen-Stichprobe scheint es hier ebenfalls so zu sein, dass die Höhe der Verwendungssorgfalt nicht wie angenommen zum einen durch die Produktkomplexität und zum anderen durch das Einkommen bzw. den wahrgenommenen Preis der Verwendungssorgfalt bestimmt wird. Daher lautet auch hier die Empfehlung für weiterführende Studien, Variablen wie Involvement und handwerkliches Talent zu erheben.

Die Hypothesen 9, 10 und 11 beziehen sich auf Einflussfaktoren der Zeitpräferenz. Es wird unterstellt, dass das Einkommen sowie die Bildung als auch das Alter einen Einfluss auf die Zeitpräferenz ausüben.

Der Einfluss des Einkommens auf die Zeitpräferenz wird mithilfe einer Kreuztabelle verdeutlicht.

monatliches Haushaltsnettoeinkommen	geringe Zeitpräferenz	hohe Zeitpräferenz
500 bis unter 1000 €	9 (37.5%)	15 (62.5%)
1000 bis unter 2000 €	34 (42%)	47 (58%)
2000 bis unter 3000 €	46 (49.5%)	47 (50.5%)
3000 bis unter 4000 €	23 (52.3%)	21 (47.7%)
4000 € und mehr	7 (31.8%)	15 (68.2%)

Tabelle 42: Zeitpräferenz nach Einkommen (Fahrrad-Stichprobe)

Ein χ^2-Test zeigt, dass Hypothese 10a verworfen werden muss (χ^2 = 4.076, df = 4, prob = 0.396). Offensichtlich hat das Einkommen keinen Einfluss auf die Zeitpräferenz. Hypothese 9 muss somit verworfen werden.[237] Die Mittelwerte der Variablen Bildung und Alter sind in der nachfolgenden Tabelle wiedergegeben. Die Überprüfung der Mittelwertunterschiede mittels t-Test liefert für beide Variablen kein signifikantes Ergebnis (Bildung: t-stat = -1.757, df = 268, prob = 0.08 und Alter: t-stat = 0.422, df = 268, prob = 0.673). Damit müssen sowohl Hypothese 10 als auch Hypothese 11 verworfen werden.

[237] Die Einkommensgruppe „unter 500€“ wird hier aufgrund zu geringer erwarteter Häufigkeiten (< 5) nicht betrachtet.

unabhängige Variable	geringe Zeitpräferenz (n = 196)	hohe Zeitpräferenz (n = 72)
Bildung	2.7603	3.0081
Alter	42.40	43.12

Tabelle 43: Zeitpräferenz nach Bildung und Alter (Fahrrad-Stichprobe)

Diese Resultate entsprechen wiederum denen der Waschmaschinen-Stichprobe, sind aber gleichermaßen überraschend. Die in der einschlägigen Literatur theoretisch und empirisch identifizierten Einflussfaktoren der Zeitpräferenz lassen sich in der vorliegenden Studie nicht nachweisen. Möglicherweise ist dies auf die Methode der Bestimmung der Zeitpräferenz zurückzuführen. Hier erfolgt lediglich eine Einteilung in zwei Gruppen anhand eines kritischen Wertes der Zeitpräferenz. Es bleibt offen, ob eine direkte Abfrage der Zeitpräferenz, die zu individuellen Werten der Probanden führt, bessere Ergebnisse in Hinsicht auf die untersuchten Hypothesen geliefert hätte. Bei dieser Methode sind die Probanden dazu aufgefordert, sich zwischen zwei Auszahlungsbeträgen zu entscheiden, die sie entweder heute oder zu einem späteren Zeitpunkt erhalten. Die Methode findet auch leicht abgewandelt Verwendung. Anstelle einer Entscheidung zwischen zwei Beträgen, sollen die Probanden von sich aus einen Geldbetrag nennen, zu dem sie bereit wären, eine sofortige Auszahlung um einen gewissen Zeitraum zu verschieben. Beide beschriebenen Ansätze liefern individuelle Zeitpräferenzraten. Allerdings darf dabei die starke Situationsabhängigkeit der Zeitpräferenz nicht außer Acht gelassen werden. Aufgrund der Tatsache, dass es sich bei den betrachteten Gütern um solche handelt, bei denen im Zeitablauf weitere Kosten entstehen, erscheint das hier gewählte Messkonzept als adäquat.

Analog zur Waschmaschinen-Stichprobe sei auch hier auf weitere Einflussfaktoren der Zeitpräferenz hingewiesen. Neben den betrachteten Determinanten Einkommen, Bildung und Alter spielen die Erziehung und der kulturelle Hintergrund einer Person eine Rolle für die individuelle Zeitpräferenz.

Entgegen der theoretischen Ableitung einer Haltbarkeitspräferenz und des unterstellten Einflusses auf die Entscheidung zwischen dem Offensiv- und Defensivmodell, liefern die empirischen Ergebnisse keinen Beleg für den postulierten Zusammenhang. Die Hypothesen 1 und 2 müssen demnach für beide Produkte verworfen werden. Die Risikowahrnehmung als Determinante für eine offensive Ausrichtung der Hersteller bezüglich der eingebauten Haltbarkeit zu identifizieren misslingt trotz der diesbezüglichen deutlichen Unterschiede zwischen Fahrrädern und Waschmaschinen wegen des fehlenden Einflusses auf die Modellwahl.

Ebenso leistet die Variable Wichtigkeit der Lebensdauer keinen Beitrag zur Erklärung der Wahlentscheidung. Der fehlende Einfluss der Haltbarkeitspräferenz hängt eventuell damit zusammen, dass dieser Präferenz im Gegensatz z.B. zur Sicherheitspräferenz keine Primär- oder Basisemotion zu Grunde liegt. Die Basisemotion der Sicherheitspräferenz stellt Furcht dar. Bei Primäremotionen handelt es sich um Emotionen, die nicht weiter auf andere Emotionen zurückgeführt werden können bzw. Emotionen, aus denen sich alle anderen komplexeren Emotionen ableiten. Bei der Haltbarkeitspräferenz handelt es sich um ein vielschichtiges Konstrukt. Zum einen existiert ein enger Zusammenhang zur Zeitpräferenz, die jedoch selber wiederum eher schwer fassbar ist. Zum anderen basiert eine Präferenz für Haltbarkeit gemäß der Wertetheorie auf Zielwerten wie „Sicherheit", „soziale Anerkennung" und „Selbsterfüllung". Personen, welche diese Zielwerte aufweisen, zeichnen sich vor allem durch die Charaktereigenschaften „Verantwortungsbewusstsein", „Anteilnahme" und „Freundlichkeit" aus. Diese vielfältigen Ausgangspunkte für eine Präferenz für haltbare Güter verdeutlichen die Komplexität dieses Konstrukts. Dies erschwert auch eine Operationalisierung und Messung der Haltbarkeitspräferenz. Eine Operationalisierung über Aussagen, zu denen die Probanden ihre Zustimmung bzw. Ablehnung angeben, erscheint hier als nicht adäquat, da dies eher einem Persönlichkeitstest entspräche. Hinzu kämen mögliche Validitätsprobleme, da ein derartiges Messkonzept für die Haltbarkeitspräferenz unerprobt ist.

Während Hypothese 4, die eine abnehmende Verwendungssorgfalt bei steigendem Einkommen unterstellt, sowohl für Waschmaschinen als auch für Fahrräder verworfen werden muss, bestätigen die empirischen Ergebnisse der Fahrrad-Stichprobe Hypothese 6, in der eine höhere Verwendungssorgfalt bei einer höheren eingebauten Haltbarkeit postuliert wird. Das stützt die Erkenntnis von Schmalensee, dass Konsumenten ein relativ teures Produkt höher wertschätzen und eine gesteigerte Sorgfalt bei der Verwendung an den Tag legen. Die Plausibilität dieses Verhaltens steht außer Frage, da aufgrund eines hohen Anschaffungspreis der Verlust im Schadensfall ebenfalls hoch ist. Dabei kann es neben dem finanziellen Schaden auch zu einem Begleitschaden kommen, der sich aus einem unter Umständen vorhandenen ideellen Wert eines hochwertigen Produktes ergibt.

Da Hypothese 5 ebenfalls bestätigt wird, kann nicht davon ausgegangen werden, dass Personen mit hohem Einkommen einen höheren Preis der Verwendungssorgfalt aufweisen. Personen, die ein relativ hohes Einkommen haben, wählen das Offensivmodell und weisen gleichzeitig einen höheren Einsatz von Verwendungssorgfalt auf. Es ist jedoch so, dass das Einkommen nicht die Höhe der Verwendungssorgfalt bestimmt, sondern dass – wie im vorherigen Absatz erläutert – mit der Wahl des Offensivmodells eine sorgfältigere Verwendung des Gutes einher geht.

Aus den Ergebnissen lässt sich darüber hinaus ablesen, dass mit einer intensiveren Verwendung des Produkts die Wahrscheinlichkeit für die Wahl des Offensivmodells zunimmt. Dieser Zusammenhang ist in Hypothese 7 unterstellt worden. Dies bedeutet, dass die Zielgruppe von offensiv ausgerichteten Anbietern zu einem großen Teil aus Intensivverwendern besteht. Das können im Falle der betrachteten Produkte Fahrradverleihe oder Wäschereien sein. Insbesondere bei Waschmaschinen sind große Familien ebenfalls der Zielgruppe zuzurechnen.

Daneben wird die Entscheidung für das Offensivmodell vor allem durch die Zeitpräferenz beeinflusst. Die Hypothese 8 wird somit bestätigt. Hier wird die inhaltliche Nähe zwischen Zeit- und Haltbarkeitspräferenz deutlich. Eine geringe Zeitpräferenz spricht für eine hohe Haltbarkeitspräferenz und vice versa. Damit wird auch die Vermutung von Alfred Marshall gestützt. Marshall weist darauf hin, dass Personen mit einer geringen Zeitpräferenz eher dazu neigen, besonders haltbare Möbel zu kaufen als solche mit einer hohen Zeitpräferenz.[238] Dies lässt den Schluss zu, dass die Konsumenten sich durchaus bewusst sind, dass sich eine Investition in ein länger haltbares Gut aufgrund der geringeren Folgekosten letztlich auszahlt. Die von Liebermann/Ungar aufgedeckte Fähigkeit der Konsumenten gemäß ihrer Zeitpräferenz effiziente Entscheidungen zu treffen, wird durch die vorliegenden Ergebnisse bestätigt.[239] Individuen mit einer geringen Zeitpräferenz entscheiden sich häufiger für das lange haltbare Modell, während eine Person mit hoher Zeitpräferenz eher das Gut wählt, welches sich durch einen niedrigeren Anschaffungspreis, aber gleichzeitig auch durch eine geringe Haltbarkeit auszeichnet. Für die Zeitpräferenz ist in der Waschmaschinen-Stichprobe ebenfalls ein zumindest schwach signifikanter Einfluss auf die Modellwahl festgestellt worden. Die Haltbarkeitspräferenz oder die Nachfrage nach Haltbarkeit per se lässt sich somit besser durch die

[238] Vgl. Marshall (1890), S. 100f.
[239] Vgl. Liebermann/Ungar (2002).

Zeitpräferenz erklären als anhand der Risikowahrnehmung und der Wichtigkeit, die dem Produktmerkmal Haltbarkeit beigemessen wird.

Die auffälligen Unterschiede der Ergebnisse in den beiden Stichproben verdeutlichen, dass bei der Ableitung von Determinanten der eingebauten Haltbarkeit unbedingt Produktunterschiede zu berücksichtigen sind. Als wesentlicher Produktunterschied zwischen Waschmaschinen und Fahrrädern ist anzuführen, dass bei der Verwendung von Waschmaschinen Energiekosten anfallen. Der Strom- und Wasserverbrauch ist auch als wichtigstes Produktmerkmal beim Waschmaschinenkauf identifiziert worden. Vor diesem Hintergrund kann eine schwache Nachfrage nach Haltbarkeit dadurch erklärt werden, dass die Konsumenten möglicherweise mit Verbesserungen hinsichtlich der Energieeffizienz rechnen und sich eine lange Haltbarkeit dann wegen technischer Überalterung nicht auszahlt. Bei Fahrrädern wird das Risiko technischer Obsoleszenz anscheinend als geringer angesehen. Eine weitere Produkteigenschaft, in der sich Fahrräder und Waschmaschinen unterscheiden, ist darin zu sehen, dass die Haltbarkeit von Fahrrädern auch deren Sicherheit beeinflusst.

Zusammenfassend können die Ergebnisse der empirischen Untersuchung so interpretiert werden, dass eine offensive Haltbarkeitsstrategie vor allem bei Produkten, bei denen keine direkten Verwendungskosten in Form von Energiekosten entstehen, empfehlenswert ist. Die Erkenntnis, dass Konsumenten, die ein Offensivmodell wählen, eine höhere Verwendungssorgfalt aufweisen, spräche eher für eine Verkürzung der Haltbarkeit. Die Konsumenten realisieren aus der Kombination von hoher eingebauter Haltbarkeit und hoher Verwendungssorgfalt ein tatsächliches Haltbarkeitsniveau, das möglicherweise Wiederkäufe aus Unternehmenssicht zu weit in die Zukunft verschiebt. Eine Reduzierung der Haltbarkeit könnte aufgrund von Haftungsüberlegungen seitens der Anbieter unerwünscht sein.

Die empirische Analyse liefert Ansätze für kommunikationspolitische Maßnahmen, die den Erfolg einer Haltbarkeitsstrategie beeinflussen können. Aufgrund der starken Signifikanz der Zeitpräferenz bezüglich der Modellwahl sollten offensiv ausgerichtete Hersteller bestrebt sein, den Konsumenten verstärkt aufzuzeigen, dass sich eine Investition in ein länger haltbares Gut aufgrund geringerer Folgekosten für Reparatur und Wartung lohnt.

Die nachfolgenden Tabellen zeigen im Überblick, welche Hypothesen aufgrund der Daten nicht verworfen werden können (empirische Absicherung finden) oder verworfen werden müssen (keine empirische Absicherung finden).

Produkt Waschmaschine		
Nr.	Hypotheseninhalt	empirischer Befund
1	Je stärker die Risikowahrnehmung ist, umso eher wird das offensiv haltbare Produkt gewählt. Oder anders formuliert: Konsumenten, die das offensiv haltbare Gut wählen, weisen eine stärker ausgeprägte Risikowahrnehmung auf als jene, die sich für das defensiv haltbare Produkt entscheiden.	**verworfen**
2	Je wichtiger eine Person das Merkmal Haltbarkeit eines Produktes ansieht, umso eher wird sie das offensiv haltbare Produkt wählen bzw. Konsumenten, die sich für das offensiv haltbare Produkt entscheiden, messen dem Produktmerkmal Haltbarkeit eine größere Bedeutung zu als diejenigen, die das defensiv haltbare Produkt wählen	**verworfen**
3	Bei einer hohen Produktkomplexität ist die Verwendungssorgfalt hochgradig inferior, weshalb sich Konsumenten in diesem Fall eher für das offensiv haltbare Produkt entscheiden.	**verworfen**
4	Konsumenten mit hohem Einkommen zeichnen sich durch einen hohen wahrgenommenen Preis der Verwendungssorgfalt und einen entsprechend geringeren Einsatz von Verwendungssorgfalt aus.	**verworfen**
5	Konsumenten mit einem hohen Einkommen entscheiden sich eher für das offensiv haltbare Produkt bzw. Personen, die das offensiv haltbare Produkt wählen, verfügen über ein vergleichsweise hohes Einkommen.	**verworfen**
6	Individuen, die das offensiv haltbare Gut wählen, legen eine höhere Verwendungssorgfalt an den Tag.	**verworfen**
7	Je höher die Verwendungsintensität ist, umso eher wird das offensiv haltbare Produkt gewählt bzw. Personen, die sich für das offensiv haltbare Produkt entscheiden, nutzen dieses intensiver als diejenigen Personen, die das defensiv haltbare Produkt wählen.	**verworfen**
8	Menschen mit einer geringen (hohen) Zeitpräferenz entscheiden sich eher für das offensiv (defensiv) haltbare Produkt.	**verworfen**
9	Personen mit hohem (niedrigem) Einkommen haben eine geringe (hohe) Zeitpräferenz.	**verworfen**
10	Personen mit hohem (niedrigem) Bildungsstand haben eine geringe (hohe) Zeitpräferenz.	**verworfen**
11	Das Alter einer Person beeinflusst die Zeitpräferenz negativ, d.h. je älter eine Person ist, umso niedriger ist die Zeitpräferenz.	**verworfen**
12	Je älter eine Person ist, umso eher entscheidet sie sich für das offensiv haltbare Produkt.	**verworfen**
13	Je höher der Bildungsstand einer Person ist, umso eher wird das offensiv haltbare Produkt gewählt bzw. die Käufer eines offensiv haltbaren Produktes verfügen über eine vergleichsweise hohe Bildung.	**verworfen**

Tabelle 44: Zusammenfassung der Hypothesentests (Waschmaschinen-Stichprobe)

Produkt Fahrrad		
Nr.	Hypotheseninhalt	empirischer Befund
1	Je stärker die Risikowahrnehmung ist, umso eher wird das offensiv haltbare Produkt gewählt. Oder anders formuliert: Konsumenten, die das offensiv haltbare Gut wählen, weisen eine stärker ausgeprägte Risikowahrnehmung auf als jene, die sich für das defensiv haltbare Produkt entscheiden.	**verworfen**
2	Je wichtiger eine Person das Merkmal Haltbarkeit eines Produktes ansieht, umso eher wird sie das offensiv haltbare Produkt wählen bzw. Konsumenten, die sich für das offensiv haltbare Produkt entscheiden, messen dem Produktmerkmal Haltbarkeit eine größere Bedeutung zu als diejenigen, die das defensiv haltbare Produkt wählen	**verworfen**
3	Bei einer hohen Produktkomplexität ist die Verwendungssorgfalt hochgradig inferior, weshalb sich Konsumenten in diesem Fall eher für das offensiv haltbare Produkt entscheiden.	**verworfen**
4	Konsumenten mit hohem Einkommen zeichnen sich durch einen hohen wahrgenommenen Preis der Verwendungssorgfalt und einen entsprechend geringeren Einsatz von Verwendungssorgfalt aus.	**verworfen**
5	Konsumenten mit einem hohen Einkommen entscheiden sich eher für das offensiv haltbare Produkt bzw. Personen, die das offensiv haltbare Produkt wählen, verfügen über ein vergleichsweise hohes Einkommen.	**nicht verworfen**
6	Individuen, die das offensiv haltbare Gut wählen, legen eine höhere Verwendungssorgfalt an den Tag.	**nicht verworfen**
7	Je höher die Verwendungsintensität ist, umso eher wird das offensiv haltbare Produkt gewählt bzw. Personen, die sich für das offensiv haltbare Produkt entscheiden, nutzen dieses intensiver als diejenigen Personen, die das defensiv haltbare Produkt wählen.	**nicht verworfen**
8	Menschen mit einer geringen (hohen) Zeitpräferenz entscheiden sich eher für das offensiv (defensiv) haltbare Produkt.	**nicht verworfen**
9	Personen mit hohem (niedrigem) Einkommen haben eine geringe (hohe) Zeitpräferenz.	**verworfen**
10	Personen mit hohem (niedrigem) Bildungsstand haben eine geringe (hohe) Zeitpräferenz.	**verworfen**
11	Das Alter einer Person beeinflusst die Zeitpräferenz negativ, d.h. je älter eine Person ist, umso niedriger ist die Zeitpräferenz.	**verworfen**
12	Je älter eine Person ist, umso eher entscheidet sie sich für das offensiv haltbare Produkt.	**verworfen**
13	Je höher der Bildungsstand einer Person ist, umso eher wird das offensiv haltbare Produkt gewählt bzw. die Käufer eines offensiv haltbaren Produktes verfügen über eine vergleichsweise hohe Bildung.	**verworfen**

Tabelle 45: Zusammenfassung der Hypothesentests (Fahrrad-Stichprobe)

7 Schlussbetrachtung

Die Festlegung der eingebauten Haltbarkeit stellt für Hersteller von Gebrauchsgütern eine Entscheidung mit großer Tragweite dar, da sich aus einer Haltbarkeitsvariation sowohl ökonomische als auch ökologische sowie soziale Auswirkungen ergeben. Das Ziel der vorliegenden Untersuchung besteht darin, Determinanten zu identifizieren, die für eine offensive bzw. defensive Ausrichtung der Anbieter in Bezug auf die eingebaute Haltbarkeit sprechen. Als offensiv ausgerichtete bzw. als offensive Anbieter werden diejenigen bezeichnet, die eine überdurchschnittlich hohe Haltbarkeit in ihre Produkte einbauen. Analog wird der Terminus defensive Anbieter bzw. defensiv ausgerichtet für Anbieter von Produkten mit einer (unter-) durchschnittlichen Haltbarkeit verwendet.

Im ersten Teil (Kapitel 2.1) der Grundlagen der vorliegenden Arbeit erfolgt eine quantitative Erfassung des Untersuchungsgegenstandes. In Kapitel 2.1 sind Daten der Stiftung Warentest aus Haltbarkeitsprüfungen mit dem Ergebnis, dass eine große Varianz der eingebauten Produkthaltbarkeit festgestellt werden kann, analysiert worden. Zu dem Zweck der theoretischen Erklärung der beobachteten Haltbarkeitsvarianz sind im Rahmen von Kapitel 2.2 drei verschiedene Ansätze zur Bestimmung der optimalen eingebauten Haltbarkeit dargestellt worden. Dieses Kapitel stellt den zweiten Teil der Grundlagen dar. Aus den Erweiterungen der in Kapitel 2.2 vorgestellten Modelle lassen sich produkt-, anbieter- sowie wettbewerbs und nachfragebezogene Determinanten der eingebauten Haltbarkeit identifizieren.

Wegen ihres hohen Stellenwertes liegt in Teil II der vorliegenden Arbeit das Hauptaugenmerk auf den nachfragebezogenen Determinanten der Haltbarkeitswahl. Dementsprechend werden in Kapitel 4 Forschungshypothesen bezüglich der Zusammenhänge zwischen einzelnen Determinanten und der Wahrscheinlichkeit für den Kauf eines Produktes mit hoher bzw. geringer eingebauter Haltbarkeit abgeleitet. In einem weiteren Schritt werden diese Hypothesen empirisch überprüft. Als Produkte werden Waschmaschinen und Fahrräder untersucht, die sich in wichtigen Produkteigenschaften unterscheiden und für die sich realitätsnahe Modellvarianten gemäß einer offensiven bzw. defensiven Ausrichtung eines Herstellers entwerfen lassen.

Im Rahmen von Kapitel 4 werden als Einflussfaktoren der Kaufentscheidung zwischen einem offensiv und einem defensiv haltbaren Produkt die Risikowahrnehmung sowie die dem Produktmerkmal Haltbarkeit beigemessene Wichtigkeit als kognitive und affektive Komponenten der Haltbarkeitspräferenz identifiziert. Des Weiteren kann für die Verwendungsintensität, die Sorgfalt der Verwendung sowie die Zeitpräferenz ein theoretischer Einfluss auf die Wahl der Strategie hergeleitet werden. Daneben zählen noch die soziodemographischen Faktoren Alter, Bildung und Einkommen der Konsumenten zu den zu untersuchenden Determinanten.

Der erste Schritt der empirischen Überprüfung umfasst die Analyse der produktspezifischen Unterschiede bezüglich der identifizierten Determinanten. Dabei ergibt sich ein signifikanter Unterschied in der Risikowahrnehmung bei Waschmaschinen und Fahrrädern. Das wahrgenommene Risiko ist bei Fahrrädern signifikant höher als bei Waschmaschinen. Die Verwendungsintensität und die Sorgfalt bei der Verwendung sind hingegen in der Waschmaschinen-Stichprobe signifikant größer als in der Fahrrad-Stichprobe. Die übrigen Variablen weisen etwa gleich hohe Werte für beide Produkte auf.

Aus diesen Resultaten lassen sich jedoch noch keine präzisen Aussagen über die Zusammenhänge zwischen den Determinanten und der Wahl eines Offensiv- und Defensivproduktes ableiten. Die Analyse dient der Aufdeckung von produktspezifischen Unterschieden in den beiden Stichproben. Demnach ist im Anschluss untersucht worden, inwiefern sich die im vierten Kapitel unterstellten Zusammenhänge zwischen den Determinanten und der eingebauten Haltbarkeit bestätigen lassen. Die genauere Untersuchung der Einflussfaktoren erfolgt zunächst für Waschmaschinen und danach für Fahrräder. Diese Analyse liefert in Abhängigkeit des betrachteten Produkts stark variierende Resultate in Bezug auf die Signifikanz der Einflussfaktoren. Während für Waschmaschinen lediglich die Zeitpräferenz einen schwach signifikanten Einfluss auf die Modellwahl ausübt, ergibt die Analyse für die Fahrrad-Stichprobe einen signifikanten Einfluss der Verwendungsintensität, der Verwendungssorgfalt, der Zeitpräferenz sowie des Einkommens.

Die vorliegende Arbeit liefert wichtige und detaillierte Einblicke bezüglich relevanter Nachfragereigenschaften in einer Entscheidungssituation zwischen offensiven und defensiven Gütern. Die gewonnenen Erkenntnisse können von Anbietern zu dem Zweck der Optimierung ihrer Produkt- und Kommunikationspolitik genutzt werden.

Eine wichtige Erkenntnis dieser Arbeit ist, dass bei der Ableitung von Determinanten der eingebauten Haltbarkeit unbedingt Produktunterschiede zu berücksichtigen sind. Die auffälligen Verschiedenheiten zwischen den hier betrachteten Produkten sind vermutlich darauf zurückzuführen, dass bei der Verwendung von Waschmaschinen Energiekosten anfallen. Der Energieverbrauch stellt das wichtigste Produktmerkmal beim Waschmaschinenkauf dar. Vor diesem Hintergrund kann eine schwache Nachfrage nach Haltbarkeit dadurch erklärt werden, dass die Konsumenten möglicherweise mit Verbesserungen hinsichtlich der Energieeffizienz rechnen und sich eine lange Haltbarkeit dann wegen technischer Überalterung nicht auszahlt. Bei Fahrrädern wird das Risiko technischer Obsoleszenz anscheinend als geringer angesehen.

Eine weitere Produkteigenschaft, in der sich Fahrräder und Waschmaschinen unterscheiden, ist darin zu sehen, dass die Haltbarkeit von Fahrrädern auch deren Sicherheit beeinflusst. Allerdings ist für die Risikowahrnehmung kein signifikanter Einfluss auf die Modellwahl festgestellt worden. Die Präferenz für das längerlebige Modell ergibt sich vielmehr aus einer geringen Zeitpräferenz.

Zusammenfassend können die Ergebnisse der empirischen Untersuchung so interpretiert werden, dass eine offensive Haltbarkeitsstrategie vor allem bei Produkten, bei denen keine direkten Verwendungskosten in Form von Energiekosten entstehen, empfehlenswert ist.

Die Erkenntnis, dass Konsumenten, die ein Offensivmodell wählen, eine höhere Verwendungssorgfalt aufweisen, spräche eher für eine Verkürzung der Haltbarkeit. Die Konsumenten realisieren aus der Kombination von hoher eingebauter Haltbarkeit und hoher Verwendungssorgfalt ein tatsächliches Haltbarkeitsniveau, das möglicherweise den Ersatzzeitpunkt aus Unternehmenssicht zu weit in die Zukunft verschiebt. Eine Reduktion der Verwendungssorgfalt wird jedoch nur auftreten, wenn der Preis für das haltbare Gut sinkt, da es dann von den Konsumenten weniger geschätzt wird.[240] Aufgrund von Haftungsüberlegungen könnte eine Verringerung der Verwendungssorgfalt jedoch auch aus Sicht offensiv ausgerichteter Hersteller unerwünscht sein.

Die empirische Analyse liefert Ansätze für kommunikationspolitische Maßnahmen, die den Erfolg einer Haltbarkeitsstrategie beeinflussen können. Aufgrund der starken Signifikanz der

---

[240] Vgl. Schmalensee (1974).

Zeitpräferenz bezüglich der Modellwahl sollten offensiv ausgerichtete Hersteller bestrebt sein, den Konsumenten verstärkt aufzuzeigen, dass sich eine Investition in ein länger haltbares Gut aufgrund geringerer Folgekosten für Reparatur und Wartung lohnt. Der Erfolg einer offensiven Haltbarkeitsstrategie kann durch die gezielte Ansprache von Konsumenten mit einer geringen Zeitpräferenz, einer hohen Verwendungsintensität sowie mit hohem Einkommen gesteigert werden. Allerdings gelten die Vorteile eines offensiv haltbaren Gutes auch für Konsumenten mit relativ geringem Einkommen, aber mit einer hohen Verwendungsintensität und geringer Zeitpräferenz.

Die vorliegende Untersuchung liefert Anhaltspunkte für zukünftige Forschungsansätze. Hier sollte vor allem die Verallgemeinerung der gewonnenen Erkenntnisse im Vordergrund stehen. Durch die Betrachtung von Waschmaschinen und Fahrrädern ist die Zahl der für die Haltbarkeitsstrategiewahl möglicherweise relevanten Produkteigenschaften beschränkt worden. Primär sollte versucht werden, die in der vorliegenden Arbeit ermittelten Ergebnisse für ähnliche Produkte zu bestätigen, die sich entsprechend darin unterscheiden, ob Energiekosten bei der Verwendung anfallen bzw. ob die Produkthaltbarkeit direkt mit der Produktsicherheit zusammenhängt. Darüber hinaus sind weitergehende Studien wünschenswert, in denen mehr Produkte in die Analyse einbezogen werden. Durch die systematische Variation von Produkteigenschaften, könnten die hier abgeleiteten Determinanten der eingebauten Haltbarkeit weiter präzisiert oder erweitert werden.

Die Erweiterung der vorliegenden Arbeit in Form einer empirischen Absicherung der in Teil I aufgedeckten anbieter-, wettbewerbs- und produktbezogenen Determinanten stellt eine nur schwer durchführbare Aufgabe dar. Wegen der kleinen Stichprobe wäre eine empirische Überprüfung nur in Form von Fallbeispielen möglich. Damit könnten jedoch keine statistisch signifikanten Ergebnisse erzielt werden.

Des Weiteren könnten ähnliche Studien durchgeführt werden, die andere Produkteigenschaften in den Vordergrund stellen. Beinke untersucht z.B. das Produktmerkmal eingebaute Produktsicherheit und deren Determinanten.[241]

[241] Vgl. Beinke (2011).

Ein weiterer wichtiger Aspekt, der Gegenstand kommender Studien sein könnte, ist der ermittelte Einfluss der Zeitpräferenz auf die Modellwahl. In der bisherigen Forschung zur Zeitpräferenz in Zusammenhang mit langlebigen Gütern stehen vor allem Lebenszykluskosten im Vordergrund. Daneben existieren Studien, die untersuchen, wie sich die Zeitpräferenz auf den Ersatzzeitpunkt eines Gebrauchsgutes auswirkt.[242] Dabei ist jedoch nicht, wie es hier der Fall ist, analysiert worden, welchen Einfluss die Zeitpräferenz auf die Vorziehenswürdigkeit länger haltbarer gegenüber weniger haltbaren Gütern ausübt. Daher stellt die Frage, ob sich der ermittelte Zusammenhang zwischen Zeitpräferenz und Nachfrage nach Haltbarkeit für weitere langlebige Produkte bestätigen lässt, einen interessanten Forschungsansatz dar.

[242] Vgl. Sultan/Winer (1993); Winer (1997).

Anhang

A Anteile sehr haltbarer bzw. durchschnittlich/gering haltbarer Produkte in verschiedenen Produktkategorien

Marke	hohe Haltbarkeit	durchschnittliche/geringe Haltbarkeit	Gesamtzahl Produkte
adidas	2 (50%)	2 (50%)	4
asics	0 (0%)	2 (100%)	2
Derbystar	0 (0%)	2 (100%)	2
Jako	1 (50%)	1 (50%)	2
NewBalance	0 (0%)	2 (100%)	2
Nike	1 (20%)	4 (80%)	5
Puma	0 (0%)	4 (100%)	4

Tabelle A1: Anteile sehr haltbarer bzw. durchschnittlich/gering haltbarer Produkte je Anbieter (Sportartikel)

Marke	hohe Haltbarkeit	durchschnittliche/geringe Haltbarkeit	Gesamtzahl Produkte
Diamant	0 (0%)	3 (100%)	3
Epple	2 (66,67%)	1 (33,33%)	3
Giant	0 (0%)	2 (100%)	2
Gudereit	0 (0%)	2 (100%)	2
Hercules	0 (0%)	3 (100%)	3
Kalkhoff	1 (50%)	1 (50%)	2
Kettler	1 (33,33%)	2 (66,67%)	3
KTM	2 (66,67%)	1 (33,33%)	3
Simplon	1 (50%)	1 (50%)	2
Staiger	1 (50%)	1 (50%)	2
Stevens	0 (0%)	2 (100%)	2
VSF	1 (50%)	1 (50%)	2

Tabelle A2: Anteile sehr haltbarer bzw. durchschnittlich/gering haltbarer Produkte je Anbieter (Fahrräder)

Marke	hohe Haltbarkeit	durchschnittliche/geringe Haltbarkeit	Gesamtzahl Produkte
Black & Decker	0 (0%)	3 (100%)	3
Bosch	3 (50%)	3 (50%)	6
Brill	2 (100%)	0 (0%)	2
Einhell	0 (0%)	3 (100%)	3
Gardena	0 (0%)	2 (100%)	2
Kress	1 (50%)	1 (50%)	2
Makita	2 (66,67%)	1 (33,33%)	3
Metabo	2 (100%)	0 (0%)	2
Skil	1 (33,33%)	2 (66,67%)	3
Viking	2 (100%)	0 (0%)	2
Wolf	1 (50%)	1 (50%)	2

Tabelle A3: Anteile sehr haltbarer bzw. durchschnittlich/gering haltbarer Produkte je Anbieter (Werkzeug und Gartengeräte)

B Fragebogen

Produkt Waschmaschine

Die Befragung, an der Sie teilnehmen ist Bestandteil einer Forschungsstudie, die an der Universität Osnabrück durchgeführt wird. Für das Gelingen der Studie, ist es sehr wichtig, dass Sie ehrlich und gewissenhaft antworten. Wir möchten Sie bitten, den Fragebogen vollständig auszufüllen.

Viele Dank für Ihre Mitarbeit!

1. Bitte geben Sie zunächst Ihr Alter und Ihr Geschlecht an.

Alter:	

Geschlecht:	männlich
	weiblich

2. Welchen Schulabschluss haben Sie derzeit?

- □ Haupt-/Volksschule
- □ mittlere Reife
- □ (Fach-) Abitur
- □ abgeschlossenes Hochschulstudium

3. Wenn Sie einmal alles zusammenrechnen: Wie hoch ist dann das monatliche Nettoeinkommen aller Haushaltsmitglieder zusammen?

- □ unter 500€
- □ 500-1000€
- □ 1001-2000€
- □ 2001-3000€
- □ 3001-4000€
- □ über 4000€

4. Wie viele Male benutzen Sie Ihre Waschmaschine pro Woche?

- □ einmal wöchentlich
- □ zweimal wöchentlich
- □ dreimal wöchentlich
- □ viermal wöchentlich
- □ fünfmal oder mehr wöchentlich
- □ besitze keine Waschmaschine

5. Angenommen, Sie wollen sich eine Waschmaschine kaufen und haben schließlich noch zwei Geräte zur Auswahl, zwischen denen Sie sich entscheiden müssen.

Technische Daten zu Modell 1

- Energieeffizienzklasse: A
  A (niedriger Verbrauch) bis G (hoher Verbrauch)
- Waschwirkungsklasse: A
  A (niedriger Verbrauch) bis G (hoher Verbrauch)
- Schleuderwirkungsklasse: B, max. Schleuderdrehzahl: 1400 U/min
  A (niedriger Verbrauch) bis G (hoher Verbrauch)
- Einfüllmenge: 5,0 kg
- Wasserverbrauch: 44l

Das zweite Modell ist bezüglich der technischen Daten (Energieeffizienzklasse, Waschwirkung- und Schleuderwirkungsklasse, Einfüllmenge, Wasserverbrauch) identisch mit Modell 1. Modell 2 besitzt eine Zusatzausstattung, die für eine hohe Lebensdauer sorgen soll.

Zusatzausstattung

Der Laugenbehälter, der die Waschtrommel bei Modell 2 umschließt, ist aus Edelstahl und mit Graugussgewichten stabilisiert. Die Waschtrommel hat nur wenige Löcher und verhindert so, dass größere Fremdkörper in die Laugenpumpe gelangen. Zusätzlich ist die Oberfläche von Modell 2 emailliert.

Der Preis für Modell 1 beträgt 600 €, für Modell 2 würden zusätzlich 350 € fällig. Relativ zum Kaufpreis von Modell 1 sind dies etwa 58%.

Bitte entscheiden Sie sich nun für ein Modell

Modell 1	Modell 2

6. Beim Kauf und Verwendung vieler haltbarer Güter entstehen neben den Kosten für die Anschaffung auch Verwendungskosten, z.B. Betriebs- und Energiekosten sowie Kosten für Wartung und Reparatur. Stellen Sie sich nun vor, Sie stünden wieder vor der Entscheidung zwischen zwei Waschmaschinen.
   Modell A hat einen hohen Anschaffungspreis, aber geringe Verwendungskosten im Gegensatz zu Modell B, das sich durch einen niedrigen Anschaffungspreis aber höhere Verwendungskosten im Zeitablauf auszeichnet.

Modell	Anschaffungspreis	Verwendungskosten pro Monat
A	950 €	3,50 €
B	600 €	7,50 €

Für welches Modell würden Sie sich entscheiden?

Modell A	Modell B

7. Bitte beurteilen Sie die aufgeführten möglichen Schäden einer Waschmaschine gemäß ihrer Schwere und der Häufigkeit mit der sie Ihrer Meinung nach auftreten.

(a)	Schadenshöhe ist… sehr hoch	ziemlich hoch	weniger hoch	gering	sehr gering
Schäden an der Elektronik (Temperatur/ Programm nicht mehr einstellbar)	□	□	□	□	□
Türverschluss funktioniert nicht mehr	□	□	□	□	□
Riss in der Gummimanschette	□	□	□	□	□

(b)	Schaden tritt … auf sehr häufig	ziemlich häufig	ab und zu	ziemlich selten	sehr selten
Schäden an der Elektronik (Temperatur/ Programm nicht mehr einstellbar)	□	□	□	□	□
Türverschluss funktioniert nicht mehr	□	□	□	□	□
Riss in der Gummimanschette	□	□	□	□	□

8. Stellen Sie sich bitte vor, Sie haben eine Waschmaschine gekauft, die Ihren Anforderungen gerecht wird. Bitte geben Sie an, welche Meinung Sie zu folgenden Aussagen zum Umgang mit Waschmaschinen vertreten.

	trifft… voll zu	ziemlich zu	weniger zu	kaum zu	gar nicht zu
Bevor ich die Waschmaschine zum ersten Mal benutze, mache ich mich zunächst mit dem Gerät und seinen Eigenschaften vertraut, z.B. durch das Probieren der Schalterfunktionen.	□	□	□	□	□
Bevor ich die Waschmaschine befülle, achte ich nicht darauf, ob sich noch noch Fremdkörper (Kleingeld, Taschentücher o.Ä.) in der Kleidung befinden.	□	□	□	□	□
Wenn ich bemerke, dass mit der Maschine etwas nicht in Ordnung ist, z.B. ungewöhnliche Geräusche beim Waschen oder Schleudern, dann bemühe ich mich um eine sofortige Reparatur.	□	□	□	□	□
Bei der Beladung der Waschmaschine halte ich mich nicht an die vom Hersteller angegebene maximale Beladungsmenge.	□	□	□	□	□
Ich benutze regelmäßig die Programme zur Kalt- (bis 40°C) <u>und</u> Heißwäsche (ab 60°C).	□	□	□	□	□

9. Bitte bewerten Sie die folgenden Eigenschaften hinsichtlich ihrer Wichtigkeit für den Waschmaschinenkauf! Vergeben Sie 9 Punkte für die wichtigste Eigenschaft, einen Punkt für die unwichtigste! Bitte vergeben Sie jede Punktzahl nur ein Mal.

Strom- und Wasserverbrauch	
Preis	
Betriebslautstärke	
Lebensdauer	
Schleuderleistung	
Spezielle Waschprogramme	
Waschleistung	
Umweltaspekte	
Service/ Kundendienst	

Produkt Fahrrad

Die Befragung, an der Sie teilnehmen ist Bestandteil einer Forschungsstudie, die an der Universität Osnabrück durchgeführt wird. Für das Gelingen der Studie, ist es sehr wichtig, dass Sie ehrlich und gewissenhaft antworten. Wir möchten Sie bitten, den Fragebogen vollständig auszufüllen.

Vielen Dank für Ihre Mitarbeit!

1. Bitte geben Sie zunächst Ihr Alter und Ihr Geschlecht an.

Alter:	

Geschlecht:	männlich
	weiblich

2. Welchen Schulabschluss haben Sie derzeit?

□ Haupt-/Volksschule

□ mittlere Reife

□ (Fach-) Abitur

□ abgeschlossenes Hochschulstudium

3. Wenn Sie einmal alles zusammenrechnen: Wie hoch ist dann das monatliche Nettoeinkommen aller Haushaltsmitglieder zusammen?

□ unter 500€

□ 500-1000€

□ 1001-2000€

□ 2001-3000€

□ 3001-4000€

□ über 4000€

4. Wie viele Kilometer legen Sie wöchentlich mit dem Fahrrad zurück?

□ 0-5 km

□ 6-10 km

□ 11-20 km

□ 21-30 km

□ mehr als 30 km

□ besitze kein Fahrrad

5. Angenommen, Sie wollen sich ein Fahrrad kaufen und haben schließlich noch zwei Modelle zur Auswahl, zwischen denen Sie sich entscheiden müssen.

<u>Technische Daten zu Modell 1</u>
Rahmen: Aluminium Rahmen
Schaltung: 24-Gang-Schaltung
Bremsen: V-Brake vorne und hinten
Gabel: Aluminium-Gabel
Felgen: Aluminium-Hohlkammerfelgen
Sattel: gefederte Sattelstütze mit Schnellspanner

Das zweite Modell ist bezüglich der grundlegenden technischen Daten identisch mit Modell 1. Modell 2 besitzt eine Zusatzausstattung, die für eine hohe Lebensdauer sorgen soll.

<u>Zusatzausstattung</u>
Der Alu-Rahmen von Modell 2 ist aus einer Aluminium-Titan-Legierung und durchgehende Schweißnähte.
Alle Elemente der Schaltung sind von einem Hersteller. Die Radkränze sowie die Naben sind aus Titan.
Die Vorderbremse ist bei Modell 2 hinter der Gabel montiert, was ein Flattern und Quietschen beim Bremsen verhindert und damit den Verschleiß reduziert. Die Bremsklötze sind auf die Alu-Felgen abgestimmt. Zusätzlich ist der Rahmen des Modells 2 mit einem speziellen Pulverbeschichtungsverfahren versiegelt.

Der Preis für Modell 1 beträgt 250 €, für Modell 2 würden zusätzlich 400 € fällig. Relativ zum Kaufpreis von Modell 1 sind dies etwa 160%.

Bitte entscheiden Sie sich nun für ein Modell

Modell 1	Modell 2

6. Beim Kauf und Verwendung vieler haltbarer Güter entstehen neben den Kosten für die Anschaffung auch Verwendungskosten, z.B. Kosten für Wartung und Reparatur.
   Stellen Sie sich nun vor, Sie stünden wieder vor der Entscheidung zwischen zwei Fahrrädern.
   Modell A hat einen hohen Anschaffungspreis, aber geringe Verwendungskosten im Gegensatz zu Modell B, das sich durch einen niedrigen Anschaffungspreis aber höhere Verwendungskosten im Zeitablauf auszeichnet.

Modell	Anschaffungspreis	Verwendungskosten pro Monat
A	250 €	ca. 6.50 €
B	650 €	ca. 2.50 €

Für welches Modell würden Sie sich entscheiden?

Modell A	Modell B

7. Bitte beurteilen Sie die aufgeführten möglichen Schäden eines Fahrrads gemäß ihrer Schwere und der Häufigkeit mit der sie Ihrer Meinung nach auftreten.

Schadenshöhe ist…

(a)	sehr hoch	ziemlich hoch	weniger hoch	gering	sehr gering
Riss bzw. Bruch des Fahrradrahmens	□	□	□	□	□
‚platter' Reifen	□	□	□	□	□
Verzogene Felge – ‚Achter' in der Felge	□	□	□	□	□
Schäden an den beweglichen Teilen, z.B. Bremse, Schaltung	□	□	□	□	□

Schaden tritt … auf

(b)	sehr häufig	ziemlich häufig	ab und zu	ziemlich selten	sehr selten
Riss bzw. Bruch des Fahrradrahmens	□	□	□	□	□
‚platter' Reifen	□	□	□	□	□
Verzogene Felge – ‚Achter in der Felge	□	□	□	□	□
Schäden an den beweglichen Teilen, z.B. Bremse, Schaltung	□	□	□	□	□

8. Stellen Sie sich bitte vor, Sie haben eine Waschmaschine gekauft, die Ihren Anforderungen gerecht wird. Bitte geben Sie an, welche Meinung Sie zu folgenden Aussagen zum Umgang mit Waschmaschinen vertreten.

	trifft... voll zu	ziemlich zu	weniger zu	kaum zu	gar nicht zu
Ich überprüfe das Fahrrad regelmäßig auf Rost- und Rissstellen und kontrolliere das Reifenprofil.	□	□	□	□	□
Ich reinige und pflege das Fahrrad regelmäßig, einschließlich der Bremsen und der Kette.	□	□	□	□	□
Während der Fahrt mache ich mir keine Gedanken über den optimalen Schaltzeitpunkt.	□	□	□	□	□
Wenn ich bemerke, dass mit dem Fahrrad etwas nicht in Ordnung ist, dann bemühe ich mich um eine sofortige Reparatur.	□	□	□	□	□

9. Bitte bewerten Sie die folgenden Eigenschaften hinsichtlich ihrer Wichtigkeit für den Waschmaschinenkauf! Vergeben Sie 9 Punkte für die wichtigste Eigenschaft, einen Punkt für die unwichtigste! Bitte vergeben Sie jede Punktzahl nur ein Mal.

Preis	
Technische Ausstattung	
Gewicht	
Lebensdauer	
Sportlichkeit	
Verkehrssicherheit	
Fahrkomfort	
Reparaturfreundlichkeit	
Service/ Kundendienst	

C Prüfung auf Mittelwertunterschiede beim Strom- und Wasserverbrauch zwischen offensiven und defensiven Anbietern mittels t-Test

Hersteller	Wasserverbrauch* [Liter]	Stromverbrauch* [kWh]	Füllmenge* [kg]
Quelle/Privileg [O]	47	0.71	5
Siemens [D]	60	0.68	6
AEG/Electrolux [D]	54	0.77	6
Zanker [D]	52	0.65	5
Bauknecht [D]	38	0.52	6
Otto/Hanseatic [D]	43	0.57	5
Whirlpool [D]	44	0.63	5
LG [D]	58	0.38	5
EBD [D]	50	0.43	5
Indesit [D]	44	0.72	5
Samsung [D]	55	0.56	6
Miele [O]	52	0.60	6

Tabelle C1: Strom- und Wasserverbrauch offensiver und defensiver Waschmaschinenhersteller
Quelle: test 9/2006, S. 78f.

Füllmenge 5 kg

Wasserverbrauch: t-stat = -0.234, df = 5, prob = 0.824

Stromverbrauch: t-stat = 1.024, df = 5, prob = 0.353

Füllmenge 6 kg

Wasserverbrauch: t-stat = 0.023, df = 3, prob = 0.983

Stromverbrauch: t-stat = -0.255, df = 3, prob = 0.815

Literaturverzeichnis

Abel, A.B. (1983): Market Structure and the Durability of Goods. In: *The Review of Economic Studies*, 50(4), S. 625-637.

Agresti, A. (2002): Categorical data analysis, 2. Ed., New York u.a.

Ajzen, I.; Fishbein, M. (2005): The influence of attitudes on behavior. In: Albarracín, D. et al. (Eds.): *The Handbook of Attitudes*, San Diego, S. 173-221.

Akerlof, G. (1970): The Market for 'Lemons': Quality Uncertainty and the Market Mechanism. In: *Quarterly Journal of Economics*, 84(3), S. 488-500.

Aldrich, J. H.; Nelson, F. D. (1984): Linear Probability, Logit and Probit Models, Newbury Park.

Asche, T. (1990): Das Sicherheitsverhalten von Konsumenten, Heidelberg.

Auernheimer, L.; Saving, T. R. (1977): Market Organization and the Durability of Durable Goods. In: *Econometrica*, 45, S. 219-228.

Ausubel, L.; Deneckere, R. (1989): Reputation in Bargaining and Durable Goods Monopoly. In: *Econometrica*, 57(3), S. 511-531.

Backhaus, K.; Erichson, B.; Plinke, W.; Weiber, R. (2008): Multivariate Analysemethoden, 12. Aufl., Berlin u.a.

Bänsch, A. (1994): Die Planung der Lebensdauer von Konsumgütern im Hinblick auf ökonomische und ökologisch Ziele. In: *Jahrbuch der Absatz- und Verbrauchsforschung*, 40(3), S. 232-256.

Bagozzi, R. P. (1981): Causal Modeling: A general method for developing and testing theories in consumer research. In: *Advances in Consumer Research*, 8(1), S. 195-202.

Balderjahn, I. (2003): Validität. Konzept und Methoden, In: W*irtschaftswissen-schaftliches Studium*, 32, S. 130-135.

Barro, R. J. (1972): Monopoly and Contrived Depreciation. In: *Journal of Political Economy*, 80, S. 589-602.

Bartling, B. et al. (2010): Determinanten kindlicher Geduld – Ergebnisse einer Experimentalstudie im Haushaltskontext. In: Schmollers Jahrbuch, 130(3), S. 297-323.

Batanic, B.; Reips, U. D.; Bosnjak, M. (2002): Online Social Sciences, Seattle u.a.

Bauer, R. A. (1960): Consumer behavior as risk taking. In: Hancock, R.S. (Ed.): *Dynamic Marketing for a Changing World*, Proceedings of the 43rd Conference of the American Marketing Association, S. 389-98, zitiert nach Mitchell (1999).

Bayus, B. L.; Rao, V. R. (1989): A Hierarchical Utility Model for the Dynamic Acquisition of Heterogeneous Items. In: *Marketing Letters*, 1(1), S. 71-80.

Bayus, B.L. (1991): The Consumer Durable Replacement Buyer. In: *Journal of Marketing*, 55(1), S. 42-51.

Becker, G. S.; Mulligan, C. B. (1997): The Endogenous Determinants of Time Preference. In: *The Quarterly Journal of Economics*, 112(3), S. 729-758.

Behrens, G. (1991): Konsumentenverhalten, 2. Aufl., Heidelberg.

Beinke, K.S. (2011): Sicherheit in der Marketingstrategie, Dissertation.

Bellmann, K. (1990): Langlebige Gebrauchsgüter. Ökologische Optimierung der Nutzungsdauer, Wiesbaden.

Benjamin, D.; Kormendi, R. (1974): The Interrelationship between the Markets for New and Used Durable Goods. In: *Journal of Law and Economics*, 17(2), S. 381-401.

Benkenstein, M. (1997): Strategisches Marketing, Köln.

Benzion, U.; Rapoport, A; Yagil, J. (1989): Discount Rates inferred from Decisions: An Experimental Study. In: *Management Science*, 35, S. 270-284.

Bergmann, G. (2003): Systemische Transaktionsnutzentheorie, Arbeitspapier 1/2003, Universität Siegen.

Blinder, A. S.; Gordon, R. H.; Wise, D. E. (1981): Social Security, Bequests, and the Life Cycle Theory of Saving: Cross-Sectional Tests. NBER Working Paper, No. 619.

Borsdorf, H.-J. (1974): Die technische Lebensdauer von Gebrauchsgütern mit abnehmender Leistungsfähigkeit als Instrument der Absatzpolitik, Mainz.

Böcker, F.; Helm, R. (2003): Marketing, 7. Aufl., Stuttgart.

Böhm-Bawerk, E. von (1921): Kapital und Kapitalzins, 4. Aufl., Jena.

Bond, E.; Samuelson, L. (1984): Durable Good Monopolies with Rational Expectations and Replacement Sales. In: *Rand Journal of Economics*, 15(3), S. 336-345.

Braess, H.-H.; Hamm, L. (1978): Forschungsprojekt Langzeitauto - Wie lange sollen Autos leben? In: *Bild der Wissenschaft*, 3, S. 72-88.

Bühner, M. (2004): Einführung in die Test- und Fragebogenkonstruktion, München.

Bulow, J. (1986): An Economic Theory of Planned Obsolescence. In: *Quarterly Journal of Economics*, 101(4), S. 729-749.

Burgess, T.F. (1996): Modeling quality-cost dynamics. In: *International Journal of Quality & Reliability Management,* 13(3), S. 8-26.

Carr, L.P. (1992): Applying cost of quality to a service business. In: *Sloan Management Reviews,* S. 72-77.

Choi, J. P. (1994): Network Externality, Compatibility Choice, and Planned Obsolescence. In: *Journal of Industrial Economics*, 42(2), S. 167-182.

Chu, R. K. S.; Choi, T. (2000): An importance-performance analysis of hotel selection factors in the Hong Kong hotel industry: a comparison of business and leisure travelers. In: *Tourism Management*, 21, S. 363-377.

Churchill, G. A., Jr. (1979): A Paradigm for Developing Better Measures of Marketing Constructs. In: *Journal of Marketing Research,* 26, S. 64-73.

Clark, K. B.; Fujimoto, T. (1991): Product Development Performance, Harvard Business School Press; Boston.

Cronbach, L. J. (1951): Coefficient Alpha and the Internal Structure of Tests. In: *Psychometrika,* 16, S. 297-334.

Coase, R. H. (1972): Durability and Monopoly. In: *Journal of Law and Economics*, 15, S. 143-150.

Cooper, T. (2004): Inadequate Life? Evidence of Consumer Attitudes to Product Obsolescence. In: *Journal of Consumer Policy*, 27, S. 421-449.

Cunningham, S. M. (1967): The major dimensions of perceived risk. In: Cox, D.F. (Ed.): *Risk Taking and Information Handling in Consumer Behavior*, Boston, S. 82-108.

Cox, D. F. (1967): Risk handling in consumer behavior – an intensive study of two cases. In: Cox, D. F. (Ed.): *Risk Taking and Information Handling in Consumer Behavior*, Boston, S. 34-81.

Dawes, E.W. (1989): Quality costs - new concepts and methods, quality costs: ideas & applications. In: Jack Campanella (Ed.): *Quality costs: Ideas and applications*, Vol.2, Milwaukee: ASQC Quality Press: S. 440-448.

Deutsch, C. (1994): Abschied vom Wegwerfprinzip – Die Wende zur Langlebigkeit in der industriellen Produktion, Stuttgart.

Endres, A.; Lüdecke, A. (2001): Produktsicherheit, Berlin.

Ernst, A. M.; Franz, V.; Kneser, C. (1996): Das Informationsdilemma – Theorie und empirische Umsetzung. Forschungsberichte des Psychologischen Instituts der Albert-Ludwigs-Universität Freiburg i. Br., Nr. 125.

Faix, A.; Görgen, W. (1994): Das Konstrukt Wettbewerbsvorteil. In: *Marketing: Zeitschrift für Forschung und Praxis*, 16, S. 160-166.

Feigenbaum, A.V. (1956): Total quality control. In: *Harvard Business Review,* 34(6), S. 93-101.

Festinger, L. (1957): A theory of cognitive dissonance, Stanford.

Fine, C.H. (1986): Quality improvement and learning in productive systems. In: *Management Science,* 31(10), S. 1301-1315.

Fisher, I. (1930): The Theory of Interest, New York.

Fishman, A.; Rob, R. (2000): Product Innovation by a Durable-Good Monopoly. In: *Rand Journal of Economics*, 31(2), S. 237-252.

Fisseni, H.-J. (2004): Lehrbuch der psychologischen Diagnostik, 3. Aufl., Göttingen u.a.

Fox, M.J. (1989): The great economic quality hoax. In: *Quality Assurance,* 15(2), S. 72-74.

Frederick, S.; Loewenstein, G.; O'Donoghue, T. (2002): Time Discounting and Time Preference: A Critical Review. In: *Journal of Economic Literature*, 40(2), S. 351-401.

Freiesleben, J. (2004): On the Limited Value of Cost of Quality Models. In: *Total Quality Management*, 15(7), S. 959–969.

Frentzen, H.; Krafft, M. (2008): Logistische Regression und Diskriminanz-analyse. In: Herrmann, A.; Homburg, C.; Klarmann, M. (Hrsg.): *Handbuch Marktforschung*, 3. Aufl., Wiesbaden.

Gardini, M. A. (2007): Einführung in das Marketing-Management, München u.a.

Goett, A; Hudson, K.; Train, K. (2000): Customers' Choice among Retail Electricity Suppliers: The Willingness to Pay for Service Attributes. In: *Energy Journal*, 21(4), S. 1-28.

Grüneberg, N. (1973): Das Produkt-Management, Wiesbaden.

Grunwald, G. F. (2008): Die Bewältigung von Produktkrisen, Köln.

Gul, F.; Sonnenschein, H.; Wilson, R. (1986): Foundations of Dynamic Monopoly and the Coase Conjecture. In: *Journal of Economic Theory*, 39(1), S. 155-190.

Gutenberg, E. (1979): Grundlagen der Betriebswirtschaftslehre, 2. Band: Der Absatz, Berlin u.a.

Hahn, C. (1997): Conjoint- und Discrete Choice Analyse als Verfahren zur Abbildung von Präferenzstrukturen und Produktauswahlentscheidungen: Ein theoretischer und computergestützter empirischer Vergleich. Betriebswirt-schaftliche Schriftenreihe, 80, Münster.

Hall, J.; Viney, R.; Haas, M.; Louviere, J. (2004): Using stated preference discrete choice modeling to evaluate health care programs. In: *Journal of Business Research* 57, S. 1026-1032.

Hammann, P.; Erichson, B. (1994): Marktforschung, 3. Aufl., Stuttgart.

Hanel, E. (1997): Analyse und Auswertung ausgewählter Produktuntersuchungen der Stiftung Warentest in Bezug auf Langlebigkeit von Produkten, Berlin.

Hawkins, D. J.; Best, R. J.; Coney, K. A. (2001): Consumer Behaviour - Building Marketing Strategy, 8. Ed., New York.

Heidenreich, K. (1984): Grundbegriffe der Mess- und Testtheorie. In: Roth, E.; Heidenreich, K. (Hrsg.): *Sozialwissenschaftliche Methoden: Lehr und Handbuch für Forschung und Praxis*, München u.a., S. 352-416.

Heidrich, H. (1981): Konsumentenwissen und Wettbewerb, Freiburg im Breisgau.

Hempelmann, B.; Lürwer, M.; Brackschulze, K. (2002): Modellierung der Zeitpräferenz bei intertemporalen Entscheidungen. In: *Wirtschafts-wissenschaftliches Studium*, 7, S. 381-386.

Henderson, J. M.; Quandt, R. E. (1983): Mikroökonomische Theorie, München.

Himme, A. (2007): Gütekriterien der Messung: Reliabilität, Validität und Generalisierbarkeit. In: Albers, S. (Hrsg.): *Methodik der empirischen Forschung*, Wiesbaden, S. 375-390.

Horowitz, J. K. (1991): Discounting Money Payoffs: An experimental Analysis. In: Frantz, R.S. (Ed.): *Handbook of Behavioral Economics*, 2B, Greenwich, S. 309-324.

Horváth, P. (1996): Qualitätscontrolling. In: Eversheim, W. (Hrsg.): Hütte – Produktion und Management, Berlin.

Hosmer, D.; Lemeshow, S. (2000): Applied Logistic Regression, 2. Ed., New York u.a.

Howard, J. A. (1977): Consumer Behavior, New York.

Jevons, W. (1871): Theory of Political Economy, London.

Kahle, L. R. (1983): Dialectical Tensions in the Theory of Social Values, In: Kahle, L.R. (Ed.): *Social Values and Social Change*, New York, S. 275-283.

Kahle, L. R. (1996): Social Values and Social Change Behavior: Research from the List of Values. In: Seligmann, C.; Olson, J. M.; Zanna, M. P. (Eds.): *The Psychology of Values: The Ontario Symposium,* 8, Mahwah.

Kamien, M. I.; Schwartz, N. L. (1974): Product Durability under Monopoly and Competition. In: *Econometrica*, 42, S. 289-301.

Kleiman, E.; Ophir, T. (1966): The Durability of Durable Goods. In: *Review of Economic Studies*, 33, S. 165-178.

Kleinbaum, D. G.; Klein, M. (2002): Logistic regression: a self-learning text, 2. Ed., New York.

Klein, B.; Leffler, K. B. (1981): The Role of Market Forces in Assuring Contractual Performance. In: *The Journal of Political Economy*, 89(4), S. 615-641.

Klinger, E. (1998): Gestaltung von Sicherheitskommunikation, Wiesbaden.

Kluckhohn, C. (1951): Values and Value Orientations in the Theory of Reasoned Action. An Exploration in Definition and Classification. In: Parsons, T.; Shils, E. (Eds.): *Toward a general Theory of Action*, Cambridge, S. 388-433.

Koopmans, T. J. (1960): Stationary Ordinal Utility and Impatience. In: *Econometrica*, 28(2), S. 287-309.

Kotlikoff, L. J.; Spivak, A.; Summers, L. H. (1982): The Adequacy of Savings In: *The American Economic Review*, 72(5), S. 1056-1069.

Kreps, D. M. (1990): A course in microeconomic theory, New York.

Kroeber-Riel, W.; Weinberg, P.; Gröppel-Klein, A. (2009): Konsumenten-verhalten, München.

Kumar, P. (2002): Price and Quality Discrimination in Durable Goods Monopoly with Resale Trading. In: *International Journal of Industrial Organization*, 20(9), S. 1313-1339.

Lancaster, K. J. (1971): Consumer demand: A new approach, New York u.a.

Levhari, D.; Srinivasan, T. N. (1969): Durability of Consumption Goods: Competition versus Monopoly. In: *American Economic Review,* 59, S. 102-107.

Liang, T.-P.; Huang, J.-S. (1998): An empirical study on consumer acceptance of products in electronic markets: a transaction cost model. In: *Decision Support Systems*, 24, S. 29-43.

Liebermann, Y., Ungar, M. (1997): Life Cycle Cost: An Individual Consumer's Perspective. In: *Managerial and Decision Economics*, 18, S. 227-234.

Liebermann, Y.; Ungar, M. (2002): Efficiency of consumer intertemporal choice under life cycle cost conditions. In: *Journal of Economic Psychology*, 23(6), S. 729-748.

Loewenstein, G. (1992): The Fall and Rise of Psychological Explanations in the Economics of Intertemporal Choice. In: Loewenstein, G.; Elster, J. (Eds.): *Choice over Time*, New York, S. 3-34.

Loewenstein, G; Elster, J. (1992): Choice over time, New York.

Loewenstein, G.; Prelec, D. (1992): Anomalies in Intertemporal Choice: Evidence and Interpretation. In: *The Journal of Economics*, 70(2), S.573-597.

Louviere, J. J.; Woodworth, G. (1983): Design and Analysis of Simulated Consumer Choice or Allocation Experiments: An Approach Based on Aggregate Data. In: *Journal of Marketing Research*, 20(4), S. 350-367.

Louviere, J. L.; Hensher, D. A.; Swait, J. D. (2003): Stated Choice Methods - Analysis and Applications. 2. Ed., Cambridge.

Machowski, F.; Dale, B.G. (1998): Quality Costing: An examination of knowledge, attitudes and perceptions. In: *Quality Management Journal,* 5(3),
S. 84-95.

Marcellus, R.L.; Dada, M. (1991): Interactive process quality improvement. In: *Management Science*, 37(11), S. 1367-1376.

Marshall, A. (1982): Principles of Economics, London u.a. (Nachdruck
der Ausgabe von 1890). Die Seitenzitierung nimmt Bezug auf den Nachdruck.

McFadden, D. (1974): Conditional logit analysis of qualitative choice behaviour. In: Zarembka, P. (Ed.): *Frontiers of econometrics*, New York, S. 105-142.

Meffert, H.; Kirchgeorg, M. (1996): Ökologieorientierte Produktgestaltung. In: Kern, W. (Hrsg.): Handwörterbuch der Produktionswirtschaft, S. 1325-1338.

Meffert, H.; Burmann, C.; Kirchgeorg, M. (2008): Marketing, 10. Aufl., Wiesbaden.

Menard, S. (2002): Applied Logistic Regression Analysis, 2. Ed., Sage University Paper, Nr. 106, Thousand Oaks u.a.

Miller Jr., H. L. (1974): On Killing Off the Market for Used Textbooks and the Relationship Between Markets for New and Used Secondhand Goods. In: *Journal of Political Economy*, 82(3), S. 612-619.

Mitchell, V.-W. (1999): Consumer perceived risk: conceptualisations and models. In: *European Journal of Marketing*, 33(1/2), S. 163-195.

Morrison, D. (1969): On the Interpretation of Discriminant Analysis. In: *Journal of Marketing Research*, 6, S. 156-163.

Nicholson, W. (2002): Microeconomic Theory: Basic Principles and Extensions. 8th Ed., Massachusetts.

Norm DIN 40 041, 1990 - 12.

Nunnally, J.C. (1994): Psychometric Theory, 3. Ed., New York.

o. V.: Das EU-Label, im Internet veröffentlicht und unter folgender URL abrufbar: http://www.stromeffizienz.de/beraterhaendler/eu-label/fact-sheet-eu-label.html, zuletzt besucht am 20.11.2009.

o. V.: ADFC Hintergrundinfo – LongLifeBike: Langlebigkeit steht im Vordergrund, am 29.11.2006 im Internet veröffentlicht und unter folgender URL abrufbar: http://www.adfc.de/154_1, zuletzt besucht am 20.11.2009.

o. V.: Studie des Kraftfahrtbundesamtes (2008), am 5.2.2008 im Internet veröffentlicht und unter folgender URL abrufbar: http://www.handelsblatt.com/technologie/news/lebensdauer-eines-autos-steigt-kaum-noch;1386255, zuletzt besucht am: 20.11.2009.

o. V.: ZIV: Marktdaten 2008, im Internet veröffentlicht und unter folgender URL abrufbar: http://www.ziv-zweirad.de/marktdaten-fahrraeder.html, zuletzt besucht am 20.11.2009.

o. V.: ZVEI und GfK: Zahlenspiegel des deutschen Elektro-Hausgerätemarktes, am 8.12.2009 im Internet veröffentlicht und unter folgender URL abrufbar: http://www.zvei.org/index.php?id=599, zuletzt besucht am 15.12.2009.

Parks, R. W. (1974): The Demand and Supply of Durability. In: *American Economic Review,* 64, S. 37-55.

Peter, J. P. (1979): Reliability: A Review of Psychometric Basics and Recent Marketing Practices. In: *Journal of Marketing Research,* 26, S. 6-17.

Peter, J. P. (1981): Construct Validity: A Review of Basic Issues and Marketing Practices. In: *Journal of Marketing Research,* 28, S. 133-145.

Plunkett, J.J.; Dale, B.G. (1987): A review of the literature on quality-related costs. In: *International Journal of Quality and Reliability Management,* 4(1), S.40-52.

Plunkett, J.J.; Dale, B.G. (1988): Quality costs: A critique of some 'economic cost of quality' models. In: *International Journal of Production Research,* 26, S. 1713-1726.

Quandt, R. E. (1968): Estimation of Modal Splits. In: *Transportation Research*, 2, S. 41-50.

Rae, J. (1905): The Sociological Theory of Capital, London (Nachdruck der Ausgabe von 1834).

Ramm, W. (1974): On the Durability of Capital Goods under Imperfect Market Conditions. In: *American Economic Review,* 64, S. 787-796.

Rindfleisch, A; Heide, J. B. (1997): Transaction cost analysis: Past, present, and future applications. In: *Journal of Marketing*, 61(4), S. 30-54.

Rivers, N.; Jaccard, M. (2005): Combining Top-Down and Bottom-Up Approaches To Energy-Economy Modeling Using Discrete Choice Methods. In: *The Energy Journal*, 26(1), S. 83-106.

Roccas, S.; Sagiv, L.; Schwartz, S. H.; Knafo, A. (2002): The Big Five Personality Factors and Personal Values. In: *Personality and Social Psychology Bulletin*, 28(6), S. 789-801.

Rogers, A. R. (1994): Evolution of Time Preference by Natural Selection. In: *The American Economic Review*, 84(3), S. 460-481.

Rokeach, M. (1973): The Nature of human Values, New York.

Rosenberg, M. J. (1956): Cognitive structure and attitudinal affect. In: *Journal of Abnormal and Social Psychology*, 53, S. 367-372.

Rossiter, J. R. (2002): The C-OAR-SE Procedure for Scale Development in Marketing. In: *International Journal of Research in Marketing,* 19, S. 305-335.

Röper, B. (1975): Gibt es geplanten Verschleiß? Untersuchungen zur Obsoleszenzthese, Göttingen.

Sandoval-Chávez, D.A.; Beruvides, M.G. (1998): Using opportunity costs to determine the cost of quality: A case study in a continuous-process industry. In: *Engineering Economist,* 43(2), S. 107-124.

Sammer, K.; Wüstenhagen, R. (2006): Der Einfluss von Öko-Labelling auf das Konsumentenverhalten - ein Discrete Choice Experiment zum Kauf von Glühbirnen. In: Pfriem, R. et al. (Hrsg.): *Innovationen für eine nachhaltige Entwicklung*, Wiesbaden, S. 469-487.

Samuelson, P. (1937): A Note on Measurement of Utility. In: *Review of Economic Studies*, 4, S. 155-161.

Sethi, R. (2000): New Product Quality and Product Development Teams. In: *The Journal of Marketing*, 64(2), S. 1-14.

Schiffauerova, A.; Thomson, V. (2006): A review of research on cost of quality models and best practices. In: *International Journal of Quality & Reliability Management,* 23(6), S. 647-659.

Schmalensee, R. (1970): Regulation and the Durability of Goods. In: *Bell Journal* of *Economics and Management Science*, 1, S. 54-64.

Schmalensee, R. (1974): Market Structure, Durability, and Maintenance Effort. In: *Review of Economic Studies*, 41(2), S. 277-287.

Schmalensee, R. (1979): Market Structure, Durability, and Quality: A Selective Survey. In: *Economic Inquiry*, 17(2), S. 177-196.

Schneiderman, A.M. (1986): Optimum quality costs and zero defects. In: *Quality Progress*, S. 28-31.

Schwartz, S. H. (1992). Universals in the content and structure of values: Theoretical advances and empirical tests in 20 countries. In: M. P. Zanna (Ed.): *Advances in experimental social psychology*, 25, S. 1-65, zitiert nach Roccas et al. (2002).

Senior, N. (1836): An Outline of the Science of Political Economy, London.

Shelley, M. K. (1993): Outcome Signs, Question Frames and Discount Rates. In: *Management Science*, 39, S. 806-815.

Silberer, G. (1995): Wertedynamik und Wertemarketing. In: Tietz, B.; Köhler, R.; Zentes, J. (Hrsg.): *Handwörterbuch des Marketing*, 2. Aufl., Stuttgart, S.2703-2708.

Six, B.; Eckes, T. (1996): Metaanalysen in der Einstellungs-Verhaltens-Forschung. In: *Zeitschrift für Sozialpsychologie*, 27(1), S. 7-17.

Sjöberg, L. (2000): Factors in risk perception. In: *Risk Analysis*, 20, S. 1-11.

Specht, G.; Schmelzer, H. J. (1992): Instrumente des Qualitätsmanagements in der Produktentwicklung. In: *Schmalenbachs Zeitschrift für betriebswirt-schaftliche Forschung*, 44(4), S. 531-547.

Standop, D. (1989): Die Nutzungsdauer von Konsumgütern als Problem der strategischen Marketingplanung. In: W. Delfmann (Hrsg.): *Der Integrations-aspekt in der Betriebswirtschaftslehre, Festschrift für H. Koch*, Wiesbaden, S. 331-351.

Stier, W. (1999): Empirische Forschungsmethoden, 2. Aufl., Berlin u.a.

Stokey, N. (1981): Rational Expectations and Durable Goods Pricing. In: *Bell Journal of Economics*, 12(1), S. 112-128.

Stone, R. N.; Winter, F. W. (1985): Risk in buyer behavior contexts: a clarification. Faculty Working Paper 1216 EWP 860505, College of Commerce and Business Administration, University of Illinois, IL, zitiert nach Mitchell (1999).

Su, T. T. (1975): Durability of Consumption Goods Reconsidered. In: *American Economic Review*, 65(1), S. 148-157.

Sultan, F.; Winer, R. S. (1993): Time preferences for products and attributes and the adoption of technology-driven consumer durable innovations. In: *Journal of Economic Psychology*, 14, S. 587-613.

Swan, P. L. (1970): Durability of Consumption Goods. In: *American Economic Review*, 60, S. 884-894.

Thaler, R. (1981): Some Empirical Evidence on Dynamic Inconsistency. In: *Economics Letters*, 8, S. 201-207.

Thaler, R. (1992): The Winner's Curse: Paradoxes and Anomalies of Economic Life, New York.

Theil, H. (1970): On the Estimation of Relationships Involving Qualitative Variables. In: *American Journal Sociology*, 76, S. 103-154.

Train, K. E. (2003): Discrete Choice Methods with Simulation, Cambridge.

Türck, R. (1991): Das ökologische Produkt, 2. Aufl., Ludwigsburg.

Tversky, A.; Kahneman, D. (1974): Judgement under Uncertainty: Heuristics and Biases. In: *Science*, 185(4157), S. 1124-1131.

Varian, H. R. (2007): Grundzüge der Mikroökonomik, München.

Verma, R.; Iqbal, Z.; Plaschka, G. (2004): Understanding Customer Choices in E-Financial Services. In: *California Management Review*, 46(4), S. 43- 67.

Vinson, D. E.; Scott, J. E.; Lamont, L. M. (1977): The Role of Personal Values in Marketing and Consumer Behavior. In: *The Journal of Marketing*, 41(2), S. 44-50.

Waldman, M. (1993): A New Perspective on Planned Obsolescence. In: *Quarterly Journal of Economics*, 108(1), S. 273-283.

Waldman, M. (1996): Planned Obsolescence and the R&D Decision In: *Rand Journal of Economics*, 27(3), S. 583-595.

Waldman, M. (2003): Durable Goods Theory for Real World Markets. In: *Journal of Economic Perspectives*, 17(1), S. 131-154.

Williamson, O. E. (1990): Die ökonomischen Institutionen des Kapitalismus: Unternehmen, Märkte, Kooperationen, Tübingen.

Wind, Y. J. (1982): Product Policy. Concepts, Methods and Strategy, Reading, Massachusetts.

Winer, R. S. (1997): Discounting and Its Impact on Durables Buying Decisions. In: *Marketing Letters*, 8(1), S. 109-118.

Winston, G. C.; Woodbury, R. G. (1991): Myopic Discounting: Empirical Evidence. In: Frantz, R.S. (Ed.): *Handbook of Behavioral Economics*, 2B, Greenwich, S. 325-345.

Zajonc, R. B.; Markus, H. (1982): Affective and Cognitive Factors in Preferences. In: *The Journal of Consumer Research*, 9(2), S. 123-131.

Verzeichnis der zitierten Warentests

Die verwendeten Testdaten sind in den unten angeführten Ausgaben von "test", der von der Stiftung Warentest herausgegebenen Zeitschrift, bzw. im Internet veröffentlicht worden.

Testressort: Freizeit und Reise

Cityräder: Heft 5/2002, S. 83-99; URL: http://www.test.de/themen/freizeit-reise/test/-Cityraeder/1027822/1027822/1033435/, zuletzt besucht am 20.11.2009.

Fußbälle: Heft 6/2006, S. 74-77; URL: http://www.test.de/themen/freizeit-reise/test/-Fussbaelle/1379620/1379620/1384978/, zuletzt besucht am 20.11.2009.

Laufschuhe: Heft 6/2007, S. 72-76; URL: http://www.test.de/themen/freizeit-reise/test/-Laufschuhe/1538502/1538502/1536256/, zuletzt besucht am 20.11.2009.

Trekkingräder: Heft 5/2007, S. 76-82; URL: http://www.test.de/themen/freizeit-reise/test/-Trekkingraeder/1532485/1532485/1528548/, zuletzt besucht am 20.11.2009.

Testressort: Haushalt und Garten

Brotbackautomaten: Heft 4/2005, S. 63-66; URL: http://www.test.de/themen/haus-garten/test/-Brotbackautomaten/1246626/1246626/1248078/, zuletzt besucht am 20.11.2009.

Bohrmaschinen: Heft 2/2006, S. 70-75; URL: http://www.test.de/themen/haus-garten/test/-Bohrmaschinen/1335363/1335363/1342533/, zuletzt besucht am 20.11.2009.

Dampfreiniger: Heft 4/2007, S. 67-71; URL: http://www.test.de/themen/haus-garten/test/-Dampfreiniger/1523412/1523412/1526993/, zuletzt besucht am 20.11.2009.

Entsafter: Heft 7/2003, S. 62-66; URL: http://www.test.de/themen/haus-garten/test/-Entsafter/1107059/1107059/1113494/, zuletzt besucht am 20.11.2009.

Häcksler: Heft 8/2006, S. 70-75; URL: http://www.test.de/themen/haus-garten/test/-Komposthaecksler/1401216/1401216/1397406/, zuletzt besucht am 20.11.2009.

Küchenmaschinen: Heft 1/2002, S. 56-61;
URL: http://www.test.de/themen/haus-garten/test/-kuechenmaschinen/22935/22935/, zuletzt besucht am 20.11.2009.

Mixer: Heft 1/2003, S. 61-65; URL: http://www.test.de/themen/haus-garten/test/-Handruehrer-und-Stabmixer/1074614/1074614/1075132/, zuletzt besucht am 20.11.2009.

Raclettegeräte: Heft 1/2006, S. 64-68; URL: http://www.test.de/themen/haus-garten/test/-Raclettegeraete/1327383/1327383/1333030/, zuletzt besucht am 20.11.2009.

Rasenmäher: Heft 5/2007, S. 69-73; URL: http://www.test.de/themen/haus-garten/test/-Rasenmaeher/1532441/1532441/1528550/, zuletzt besucht am 20.11.2009.

Staubsauger: Heft 4/2007, S. 62-66; URL: http://www.test.de/themen/haus-garten/test/-Bodenstaubsauger/1523262/1523262/1512244/, zuletzt besucht am 20.11.2009.